铈铁复合氧化物的理化性质及其催化应用

李孔斋　王　华　著

U0342647

科学出版社

北京

内 容 简 介

本书系统介绍了铈铁复合氧化物的物理化学特征，重点讨论了铈基掺铁固溶体的形成规律与高温结构演化行为，考察了铈铁复合材料（铈基和铁基）的结构特点、还原性能、储氧能力、热稳定性和高温氧化—还原循环行为以及材料在循环过程的宏观和微观结构演变规律等。利用丙烯燃烧（气—气催化反应）和甲烷化学链部分氧化（气—固直接反应）两个有典型意义的重要反应作为探针反应考察了铈铁材料在不同反应条件下的催化行为，并与其结构特征相关联，揭示了不同铈、铁物种及其交互作用在不同类型催化反应中所起的特殊作用。

本书适合从事化工、材料、能源和环境等相关领域科技人员及高等院校相关专业师生阅读参考。

图书在版编目（CIP）数据

铈铁复合氧化物的理化性质及其催化应用/李孔斋，王华著. —北京：科学出版社，2017.1

ISBN 978—7—03—051112—6

Ⅰ.①铈… Ⅱ.①李… ②王… Ⅲ.①铈化合物—铁—氧化物—研究 Ⅳ.①TF5

中国版本图书馆 CIP 数据核字（2016）第 309593 号

责任编辑：杨岭 郑述方/责任校对：韩雨舟
责任印制：罗科/封面设计：墨创文化

斜 学 出 版 社 出版

北京东黄城根北街 16 号
邮政编码：100717
http://www.sciencep.com

成都锦瑞印刷有限责任公司 印刷

科学出版社发行 各地新华书店经销

*

2017 年 1 月第 一 版 开本：16（787×1092）
2018 年 4 月第二次印刷 印张：9.5
字数：240 千字

定价：68.00 元

（如有印装质量问题，我社负责调换）

作者简介

李孔斋，男，1981 年 8 月生，博士，教授。2005 年获郑州大学材料科学与工程专业工学学士学位，2008 年 3 月获昆明理工大学有色金属冶金专业工学硕士学位。2011 年 7 月至 2012 年 5 月由日方资助在日本名古屋工业大学进行博士论文课题研究，主要从事能源催化方面的研究。2012 年 12 月获昆明理工大学（与日本名古屋工业大学联合培养）冶金物理化学专业工学博士学位。主持国家自然科学基金项目 2 项、云南省自然科学基金项目 2 项和校企合作项目 1 项，参与国家自然科学基金项目 5 项课题的研究，以第一作者或通讯作者在国内外期刊发表学术论文 35 篇，其中被 SCI 收录 27 篇，论文他引 610 余次。以第一申请人获授权国家发明专利 17 项，硕士论文被评为"云南省优秀硕士论文"，博士论文被评为"云南省优秀博士论文"，获云南省科技进步奖一等奖 1 项、云南省自然科学奖二等奖 1 项。入选云南省中青年学术和技术带头人后备人才。

王华，男，博士，教授，国家"百千万人才工程"入选者，日本京都大学能源科学研究生院博士后，昆明理工大学副校长。2001～2005 年任昆明理工大学研究生部主任。2005 年 12 月～2007 年 1 月任昆明理工大学校长助理兼研究生部主任。2007 年 2 月至今任昆明理工大学主管科研的副校长。兼任中国有色金属学会理事；中国金属学会冶金热能学会理事；中国学位与研究生教育学会工科委员会理事，云南省热工热能学术委员会主任委员等。主持了 30 余项国家科技支撑计划重大项目、国家自然科学基金重点及面上项目、云南省自然科学基金重点项目或科技攻关项目等课题的研究，科研总经费逾 5000 万元。先后发表学术论文 350 余篇，SCI、EI 收录 209 篇，出版学术专著 19 部，先后获国家科技进步奖一等奖 1 项，省部级科技进步奖一等奖 3 项、省自然科学奖二等奖 4 项，获授权发明专利 87 项；2005 年被评为云南省十大杰出青年，2006 年被评为云南省教育改革与发展优秀教师，2007 年入选新世纪百千万人才工程国家级人选，2014 年入学云南省科技领军人才，2016 年所领导的团队入选科技部重点领域创新团队。

前　言

氧化铈（CeO_2）和氧化铁（Fe_2O_3）是两类重要的催化材料，在石油化工、天然气转化、城市空气污染治理和新能源等关系国民经济可持续发展的关键领域起着重要作用。由于这两类氧化物都有本质上的缺陷，例如 CeO_2 热稳定性较差，而单一 Fe_2O_3 略显惰性，造成其在催化领域很难被直接应用。而通过添加其他氧化物形成结构稳定、活性高、对苛刻环境适应能力强的复合氧化物是此类氧化物催化材料走向实际应用最简单有效的方法之一。

铈铁复合氧化物具有超高的储氧能力和铈/铁离子耦合变价特性，在涉及储/释氧和氧化还原循环过程的催化领域具有良好的应用前景。铈基催化材料的催化性能与其氧空位（缺陷）、比表面积、氧化还原能力和结构特征等因素密切相关。

本书采用不同方法制备了系列铈铁复合氧化物，系统研究了其物理化学特征，重点讨论了铈基掺铁固溶体的形成规律与高温结构演化行为，考察了铈铁复合材料（铈基和铁基）的结构特点、还原性能、储氧能力、热稳定性和高温 redox 循环行为以及材料在 redox 循环过程的宏观和微观结构演变规律等。利用丙烯燃烧（气－气催化反应）和甲烷化学链部分氧化（气－固直接反应）两个有典型意义的重要反应作为探针反应考察了铈铁材料不同反应条件下的催化行为，并与其结构特征相关联，揭示了不同铈、铁物种及其交互作用在不同类型催化反应中的特殊角色。

铈基掺铁固溶体制备时，铁离子在沉淀阶段已经进入 CeO_2 晶格中取代部分 Ce^{4+} 形成了铈基固溶体，并诱导产生丰富的氧空位。处于取代位置的铁离子并不稳定，随着焙烧的进行部分取代位的铁离子转移到间隙位形成取代与间隙固溶体共存的状态。间隙铁离子可破坏因 Ce^{4+} 被 Fe^{3+} 取代而引起的空位补偿机制，导致材料的氧空位浓度降低。铈基掺铁固溶体的热稳定性较差，高温焙烧将导致固溶体分解，形成游离的 CeO_2 和 Fe_2O_3，但通过优化制备方法可以缓解这一状况。对于 CeO_2 修饰的铁基复合氧化物，CeO_2 纳米颗粒可以高分散地负载在 Fe_2O_3 基体上，使其可以在低于 400℃ 的条件下被 H_2 还原。由于铈铁界面的形成，铈铁氧化物间的简单接触也能够促进 Fe_2O_3 的还原，进而提升材料的催化性能。

本书是国家自然科学基金（项目编号：51374004 和 51204083）、云南省中青年学术技术带头人后备人才项目（项目编号：2014HB006）和云南省科技领军人才培养计划项目"（项目编号：2015HA019）的研究成果之一。在撰写过程中还得到了昆明理工大学冶金节能减排教育部工程研究中心同仁的支持与帮助，特此致谢。

由于作者水平所限，书中不妥之处，恳请广大读者批评指正。

目　　录

第 1 章 绪 论

氧化铈(CeO_2)和氧化铁(Fe_2O_3)是两类重要的催化材料，在石油化工、天然气转化、城市空气污染治理和新能源等关系国民经济可持续发展的关键领域起着重要作用。由于这两类氧化物都有本质上的缺陷(图 1-1)，例如，CeO_2 热稳定性较差，而单一 Fe_2O_3 略显惰性，造成其在催化领域很难被直接应用。而通过添加其他氧化物形成结构稳定、活性高、对苛刻环境适应能力强的复合氧化物是此类氧化物催化材料获得应用最简单有效的方法之一。

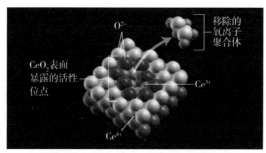

图 1-1 CeO_2 上的反应缺陷(氧空位[1])

CeO_2 是稀土元素铈最稳定的氧化物，氧空位是 CeO_2 基催化材料的灵魂，作为表面活性位，氧空位的浓度直接关系到铈基催化剂的催化性能[1,2]。基于缺陷化学，通过掺杂其他金属离子进入 CeO_2 晶格形成铈基固溶体，从而诱发产生更为丰富的氧空位、提高表面氧及晶格氧的迁移速率、增强材料的储氧能力，一直是铈基材料的一项重要研究内容[3]。研究表明，CeO_2 基固溶体的结构和物化性质受掺杂离子价态和离子半径的影响较大，例如在 CeO_2 中添加三价离子(如 Pr^{3+} 和 Tb^{3+})，可以降低材料中氧的迁移活化能，提高材料晶格氧的迁移速率[4,5]，而掺杂半径较小的离子(如 Zr^{4+})能够提高材料的储氧能力及抗烧结性能[6-8]。因此，将半径较小的低价离子(如 Fe^{3+})引入 CeO_2 晶格具有极强的研究价值[9,10]。

Fe_2O_3 有四种晶型(α、β、ε 和 γ，如图 1-2 所示)，其中 α-Fe_2O_3 不仅结构稳定而且廉价易得、环境友好，有着其他催化材料无可比拟的优势[11]。另外，Fe_2O_3 极高的晶格氧储存量使其作为重要的载氧材料在化学链燃烧和化学储氢等领域占据重要位置[12-16]。值得注意的是，单一的 Fe_2O_3 极易烧结从而丧失其比表面积，深度还原后其消耗的晶格氧不能完全恢复，这使其在涉及高温和氧化还原反应(redox)的领域往往需要借助添加助剂或载体才能获得实际应用[12,17-22]。考虑到 CeO_2 是优良的氧离子导体、活跃的结构和电子助剂，有学者尝试将 CeO_2 引入 Fe_2O_3 体系以提高材料的催化活性及稳定性[10,23-28]。

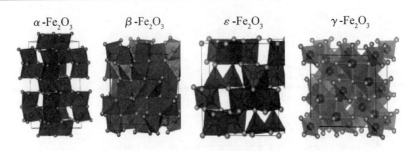

图 1-2　Fe_2O_3 的四种晶型[29]

由此可见，不管将铁离子引入 CeO_2 晶格中形成铈基固溶体，还是利用 CeO_2 提高铁基材料的活性和稳定性，都可显示出铈、铁两种氧化物在结构和催化方面较强的互补性。然而，目前大多数关于 CeO_2 基掺铁材料的研究都集中于较低的制备和反应温度（<600 ℃）条件下，且大都只考察材料的表面或结构性质与催化性能的关系，而对于该类材料的高温热稳定性、还原行为、redox 循环稳定性和铈铁相互作用形式及其在催化反应中的角色等物化特征，还缺乏深入的认识。材料在苛刻条件下反映出的性质无疑对材料的实际应用更为重要。

另外，对于 CeO_2 修饰的 Fe_2O_3 基材料，目前已开展的工作也都集中在低温催化反应（如费托合成等），而且还没有发现对该类材料物化性质的系统研究。我们的前期研究表明，CeO_2 修饰的 Fe_2O_3 基材料有着非常吸引人的结构及化学特征，其在催化领域的应用潜力远没有被挖掘。

本书将据此对 CeO_2 基掺铁材料和 CeO_2 修饰的 Fe_2O_3 基材料的结构特征与催化性能开展系统的研究。

1.1　铁掺杂的 CeO_2 基固溶体的结构与催化应用

1.1.1　CeO_2 基固溶体的形成与氧空位

CeO_2 是典型的萤石结构氧化物。萤石结构氧化物因 CaF_2（结构如图 1-3 所示）而得名，具有面心立方晶体结构。在这一结构中，金属阳离子按面心立方点阵排列，阴离子（F^-）占据所有的四面体位置，每个 Ca^{2+} 被 8 个 F^- 包围，而每个 F^- 则由 4 个金属阳离子配位。这样的结构中有许多八面体空位，因此有时亦称之为敞型结构，敞型结构允许离子快速扩散，所以萤石型氧化物是公认的快离子导体，大多具有迁移性的氧空位。

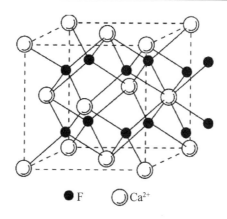

● F ○ Ca²⁺

图 1-3 CaF₂的结构图

有研究表明[3]，当低价离子掺杂进入 CeO_2 晶格中时可以发生如下反应：

$$MO \xrightarrow{CeO_2} M^x{}_{Ce} + V''_O + \frac{1}{2}O_2 \qquad (1-1)$$

或者

$$M_2O_3 \xrightarrow{CeO_2} 2M^x{}_{Ce} + V''_O + 2O^x{}_O + \frac{1}{2}O_2 \qquad (1-2)$$

其中，$M^x{}_{Ce}$ 代表 CeO_2 中稳定的金属离子，$O^x{}_O$ 是晶格中的氧空位。当 CeO_2 晶格中的部分铈原子被二价或者三价的其他阳离子取代后，形成固溶体的同时会产生氧空位。由于掺杂阳离子与 Ce^{4+} 半径的差异，导致 CeO_2 会产生晶格畸变和表面缺陷，从而提高其氧化还原性能和氧化活性。此外，固溶体的形成以及其他离子的掺杂，还可以降低 $Ce^{4+} \rightarrow Ce^{3+}$ 的还原能，从而提高其氧化能力。

经化学计算表明[30]，当 M^{n+} 进入 CeO_2 晶格时，将遵循电荷补偿机理而形成氧空位（氧缺陷）。这些缺陷彼此吸引形成缺陷簇，缺陷的排列受库伦引力和晶体弛豫效应的控制，缺陷间的结合能是掺杂离子半径的强函数，较小的离子半径显示出较大的缺陷结合能，意味着氧缺陷可以稳定存在。（掺杂过程中 CeO_2 晶胞的变化见图 1-4）按此原理，当半径较小的 Fe^{3+} 进入 CeO_2 时，应该有较丰富的氧空位形成，但事实上对于铈铁固溶体中氧空位的形成却有着更为复杂的情况。

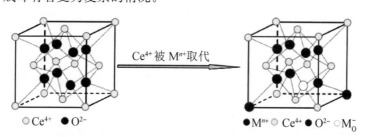

Ce^{4+} 被 M^{n+} 取代

○ Ce^{4+} ● O^{2-} ● M^{n+} ○ Ce^{4+} ● O^{2-} ○ M^-_O

图 1-4 掺杂过程中 CeO_2 晶胞的变化[31]

Li 等[9]利用 X 射线粉末衍射（X-ray powder diffraction，XRD）和拉曼（Raman）技术研究铈铁固溶体时发现，Fe^{3+} 的掺杂导致的晶格畸变和表面缺陷很容易被观察到，而本该形成的氧空位却无法探测到。根据电子顺磁共振（electron paramagnetic resonance，

EPR)的检测结果，Ce^{3+} 在此固溶体也没有因为 Fe 的掺杂而形成，穆斯堡尔光谱 (Mossbauer spectra)研究表明铈铁固溶体中的铁离子均为 Fe^{3+}。他们同时给出了铈铁固溶体中氧空位和 Ce^{3+} 缺失的解释：因为 Fe^{3+} 半径远小于 Ce^{4+} (0.064 nm vs 0.097 nm)，Fe^{3+} 能够以取代和间隙两种方式进入 CeO_2 晶格中，当三个 Ce^{4+} 离子分别被 Fe^{3+} 取代时，只需有一个间隙 Fe^{3+} 存在便可以实现电荷平衡，因此当取代位的 Fe^{3+} 和间隙位的 Fe^{3+} 以 3:1 的比例存在于 CeO_2 晶格时，材料本身即处于电荷平衡状态，没有促使氧空位或 Ce^{3+} 形成的驱动能。

Laguna 等[32,33]也观察到了氧空位和 Ce^{3+} 在铈铁固溶体中缺失的现象，同时他们也发现氧空位的出现与否与材料的制备方法密切相关，利用热分解金属盐法得到的铈铁固溶体没有氧空位，而利用微乳液法制备的铈铁固溶体能够产生明显的氧空位[34]。更为有趣的是，Li 等[9]以水热法合成的铈铁固溶体中观察不到氧空位，而 Yan 等[35]以同样方法仅改变沉淀剂(Li 等用 NaOH，而 Yan 等用氨水作为沉淀剂)，获得的固溶体却显示出了明显的对应于氧空位的 Raman 峰(598 cm^{-1})，如图 1-5 所示。同样，Liang 等[36,37]以模板法也获得了含有氧空位的铈铁固溶体。这也进一步印证了铈铁复合氧化物中氧空位的形成与材料制备方法和制备条件密切相关。

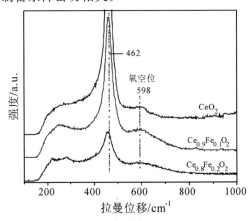

图 1-5　铈铁复合氧化物的 Raman 图谱[35]

Kaneko 等[38]在利用尿素燃烧法制备的铈铁固溶体中不仅观察到了氧空位与 Ce^{3+}，而且还检测到了 Fe^{2+} 的存在。对于这类铈铁固溶体，他们给出了可能的结构示意图，如图 1-6 所示。在此结构中，八面体配位的 Ce^{4+} 被八个氧离子包围，Fe^{3+} 和 Fe^{2+} 主要以取代形式占据部分 Ce^{4+} 的位置，由于电荷平衡，Fe^{3+} 被六个氧原子包围而 Fe^{2+} 被四个氧原子包围，被 Fe^{3+} 和 Fe^{2+} 占据的原 Ce^{4+} 的其余配位的位置则形成了氧空位，氧空位形成的同时也导致 Ce^{3+} 的出现。

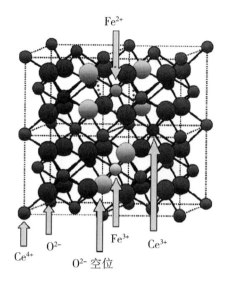

图 1-6　铁掺杂的 CeO_2 基固溶体的结构模型[38]

其他学者的研究也证实，选择合适的制备方法可以在铈铁固溶体中形成氧空位，而且氧空位的浓度与 Fe^{3+} 在 CeO_2 中的掺杂量有一定关系，同时他们的研究还表明，Fe^{3+} 在 CeO_2 晶格中的固溶度还受前驱体种类、溶液性质、水热环境和焙烧温度等材料的制备条件所控制[10,38−45]。

1.1.2　制备方法－固溶度－氧空位浓度的关系

铁掺杂的 CeO_2 基固溶体大都经由溶液制得，因为使用固相合成的方法在 1200 ℃高温焙烧下铁的固溶度只能达到 1%[46]。目前，依据溶液化学，能成功获得铈铁固溶体的方法有：水热法[9,35,47,48]、共沉淀法[41−44,49,50]、柠檬酸熔融盐法[51]、溶胶凝胶法[32,52−54]、液相沉积技术[39]、自燃烧法[38,55,56]、柠檬酸盐法[57]、模板法[36,37] 和微乳液法[34]。

比较不同制备条件下获得的铈铁固溶体可以发现，Fe^{3+} 在 CeO_2 晶格中的固溶度并不是一个恒定值，而是由制备方法和后处理条件所决定的。Li 等[9] 在 2001 年以水热法率先合成了铈铁固溶体，并认为在 220 ℃水热 48 h 条件下，Fe^{3+} 在 CeO_2 晶格中最大的摩尔掺杂度（固溶度）为 15%。Singh 等[28] 在较温和的水热条件（200 ℃，24 h）下获得了类似的结果。然而，王海利[47] 在 150 ℃、3 h 的水热条件下，获得了 40% 的固溶度。这说明，对于水热法而言，较温和的水热条件有利于铁离子向 CeO_2 晶格的迁移。

比较不同的制备方法和制备条件所得的固溶度还可以得到一些有趣的现象。Kamimura 等[51] 以柠檬酸熔融盐法、550 ℃焙烧获得了铁的固溶度达到 50% 的铈铁固溶体；Lv 等[57] 通过柠檬酸盐法，600 ℃焙烧前驱体获得了 Fe 掺杂量为 20% 的铈基固溶体；Kaneko 等[38] 采用自燃烧法，550 ℃焙烧燃烧产物也获得了 20% 的固溶度；Liang 等[36] 利用大比表面积碳材料作为模板，浸渍铈铁硝酸盐后将干燥的前驱体 500 ℃焙烧三小时，仅获得了 15% 的固溶度。而 Laguna 等[32] 以溶胶凝胶法，在 500 ℃的焙烧温度下却只获得了 10% 的最大掺杂量，但他们在另一项研究中，通过微乳液法，同样在 500 ℃的焙烧温度下却获得了高达 50% 左右的固溶度[34]。经分析可知，Kaneko 和 Liang 等的研究中因为有机物或碳的燃烧可能导致前驱体制备或焙烧过程中实际温度高于炉温,从而不利于铈铁固溶体形成。而 Kamimura、Lv 和 Laguna 等的研究,特别是 Laguna 小组极有对比性的研究结果(焙烧条件相同而前驱体制备条件不同)表明,在铈铁样品制备过程中,焙烧前的前驱体制备阶段对铈铁固溶体的影响非常巨大。另外,王海利[47]的研究表明,利用水热法制备铈铁材料时,铈铁前驱盐混合溶液沉淀过程中的溶液温度对焙烧后铈铁复合氧化物的比表面积影响很大,较低的沉淀温度可获得较大的比表面积,这也说明前驱体的制备条件是铈铁固溶体物形成的一个重要环节。

前驱体的后处理阶段同样影响 CeO_2 中 Fe^{3+} 的固溶度。Pérez-Alonso 等[10]的研究表明,以共沉淀法也可以使铁在 CeO_2 中的摩尔掺杂量达到 50%,但是必须在较低的焙烧温度(300 ℃)下才能获得,如提高材料的焙烧温度(≥500 ℃),形成的固溶体则会部分分解。Bao 等[41]的结果验证了 Pérez-Alonso 等发现,他们利用共沉淀法在 650 ℃ 焙烧 8 h 只获得了 30% 的 Fe^{3+} 的最大掺杂量。将焙烧温度提高至 800 ℃ 时,Fe^{3+} 在 CeO_2 中的固溶度则降至 10%[42]。而对于由水热法获得的铈铁固溶体,即便 Fe^{3+} 的掺杂量只有 10%,800 ℃ 老化 10 h 后也会导致 CeO_2 和 Fe_2O_3 从固溶体分离形成简单混合物[48]。这些现象说明,铁在 CeO_2 中的固溶度受焙烧温度的影响非常明显,高温不利于固溶体的形成,而已经形成的固溶体在高温条件下也不稳定。

值得关注的是,与 Bao 等[41]的研究相比,尽管同样采用共沉淀法,Reddy 等[43]、Zhang 等[44]和 Qiao 等[50]在较低或相同焙烧温度(500~650 ℃)和较短焙烧时间(2~6 h)却只能获低于 30%(大约 20%)的固溶度。详细比较其制备条件发现,这些不一致的结果应该是由于各研究者使用的前驱盐不同所致。例如,Bao 等采用 $(NH_4)_2Ce(NO_3)_6$ 作为获得 CeO_2 的前驱体,而其他研究者都用的是 $Ce(NO_3)_3 \cdot 6H_2O$。另一方面,尽管 Reddy、Zhang 和 Qiao 等研究者采取了不同的沉淀工艺,例如 Reddy 用十六烷三甲基溴化铵(CTAB)作为表面活性剂并以 KOH 作为沉淀剂室温沉淀,Zhang 仅以氨水作为沉淀剂并采用了反滴法室温沉淀,而 Qiao 同样只以氨水作为沉淀剂但采用了正滴法且将沉淀后的固液混合物加热至 70 ℃ 搅拌数小时,但是三个小组获得的铁的固溶度却相差不大(20%左右)。这表明,就共沉淀法而言,铈铁固溶体的形成受所采用的前驱盐的种类影响较大,而对沉淀工艺(沉淀温度、沉淀剂、沉淀方式和搅拌时间)不十分敏感。

必须强调,铈铁固溶体中氧空位的形成虽然与样品的固溶度有一定关系,但是氧空位的浓度却不随铁离子的掺杂量而线性增加。Bao 等[41]研究了氧空位对应 Raman 峰的相对强度与铁掺杂量的关系,结果表明当铁含量低于 10% 时,氧空位的浓度随铁掺杂量的增加而线性升高,但当铁含量高于 10% 时,氧空位的浓度随铁含量增加逐渐降低,直至铁含量高于 40% 时氧空位消失。尽管制备方法和工艺条件各不相同,但此后的研究结果都证实铁离子掺杂摩尔比例为 10% 的铈铁固溶体含有最高的氧空位浓度,而当掺杂量过高时氧空位自动消失[34,36,44,50]。

这一现象较为合理的解释是:由于 Fe^{3+} 可以通过取代和间隙两种形式形成固溶体,当取代固溶体形成时由于电荷补偿会产生氧空位,而当间隙固溶同时存在时,间隙位的 Fe^{3+} 作为额外的阳离子会与取代位的 Fe^{3+} 一起与周围氧离子形成电荷平衡,从而抑制氧空位的形成。根据此理论,当铁的掺杂量较低时,很可能只形成取代固溶体从而使材料在铁含量相对较高时(即 10%)拥有较高的氧空位浓度,而当铁的掺杂量继续增加时,新增的 Fe^{3+} 会占据 CeO_2 晶格的间隙位从而导致氧空位浓度的降低直至消失。需要强调的是,尽管此理论已被大多数铈铁材料的研究者所接受,但是依然缺乏直接证明其正确性的证据。

还需要强调的另一点是,对于铈铁复合氧化物,不管形成固溶体与否,铈铁间强烈的相互作用都可以通过催化作用表现出来。

1.1.3　铁掺杂的 CeO_2 基固溶体的催化应用

CeO_2 基材料由于其良好的储放氧能力和增加贵金属活性与分散度的特性,在机动车尾气净化、催化氧化、H_2 或合成气制备、有机物合成和固体氧化物燃料电池等领域有着重要的应用。在比较了 Ce-M-O(M = Zr、Ti、Pr、Y 和 Fe)等五种典型铈基复合氧化物后,Singh 等发现 Ce-Fe-O 复合材料具有更高的储氧能力和更活泼的晶格氧[28]。下面将要介绍的研究也表明,铈铁复合氧化物(包括铈铁固溶体和游离氧化铁)在上述领域都表现出了良好的应用前景。

1. 机动车尾气净化

机动车(汽油机和柴油机)尾气是城市空气污染物的主要来源之一,其含有的主要有害物质为碳氢化合物(HC)、一氧化碳(CO)、氮氧化物(NO_x)和碳烟。其中汽油机尾气中主要包括前三种,因此其催化剂体系被称为“三效催化剂”,而柴油机尾气有害物质含有上述全部四种,而且除碳烟含量较高外,NO_x 浓度也远远高于汽油机尾气。因为柴油机与汽油机相比有更强的动力和更低的油耗,柴油机尾气中高浓度 NO_x 和碳烟的催化处理一直备受关注[58]。

选择性还原(SCR)被认为是处理较高浓度 NO_x 最有效的方法之一。Carja 等[59]采用乙腈作为溶液将铈和铁物种引入 ZSM-5 分子筛中,所获得的 Fe-Ce-ZSM-5 复合催化剂,以 NH_3 为还原剂在氧气存在的条件下选择性还原 NO(NO/NH_3 摩尔比 1∶1),在 250~550 ℃的温度范围内,NO 转化率为 75%~100%。在 300 ℃,容易引起催化剂失活的 H_2O 和 SO_2 存在的环境中,NO 转化率可长时间保持在 85% 左右,说明催化剂有很强的抗水热能力和抗中毒能力。

除 SCR 外,NO_x 还可以通过分解实现脱除。不同类型及形貌的 Fe_2O_3 是 NO_x 分解反应的重要催化剂,而铈铁物种间的协同作用在 NO_x 分解反应中也有表现[24]。在 NO_x 分解过程中,催化剂上易还原的表面氧起着至关重要的作用,由于铈铁的结合,部分 Fe^{3+} 掺杂到了 CeO_2 晶格中形成了铈基固溶体,而部分 Ce^{4+} 也进入到 α-Fe_2O_3 中形成了铁基固溶体,两类固溶体共存大大促进了材料的表面还原能力,特别是表面 Fe^{3+} 的还原,进而增强了催化剂的 NO_x 分解活性。

碳烟处理的难点在于碳烟的起燃温度(550 ℃左右)较高而尾气的温度窗口较宽(200~600 ℃),并且碳烟作为固体颗粒在高空速下很难与催化剂达到充分接触。这就要求催化剂必须有优良的低温氧化活性和较强的捕获碳烟颗粒的能力,而催化剂的这些性质同样与其表面氧化还原活性密切相关。因为铈锆固溶体(CeO_2-ZrO_2)具有较强的氧化还原能力而且其在三效催化剂中已获得成功应用，目前在碳烟催化燃烧领域，铈锆固溶体也受到了前所未有的重视。然而，与铈锆材料相比，铈铁材料有其独特的优势。Aneggi 等[49]比较了 CeO_2-ZrO_2、CeO_2-Fe_2O_3 及 CeO_2-ZrO_2-M_xO_y（M＝La_2O_3、Pr_2O_3、Sm_2O_3、Tb_2O_3）等复合氧化物催化碳烟的燃烧活性。结果发现，在铈锆体系中掺杂 La_2O_3、Pr_2O_3、Sm_2O_3、Tb_2O_3 等稀土氧化物并不能提高材料催化碳烟的低温燃烧活性，而 CeO_2-Fe_2O_3 复合氧化物显示出了明显高于 CeO_2-ZrO_2 材料的催化活性。他们将铈铁样品的高活性归因于两方面：①铈铁固溶体的形成提高了材料的氧迁移能力；②铈铁复合材料表面的无定形 Fe_2O_3 以及其与铈铁固溶体紧密接触而产生的界面层，有可能作为活性位提高了材料对氧气和碳烟的吸附能力。然而需要指出的是，这一铈铁材料在高温老化后（750 ℃、12 h）其活性会大大降低，说明提高抗老化能力是铈铁催化剂走向应用必须解决的问题。

　　将 Mn、Fe 和 Cu 等过渡金属的氧化物引入 CeO_2 体系以提高其催化活性和稳定性在碳烟燃烧催化剂研究领域也一直非常活跃。Muroyama 等[60] 比较了几种 CeO_2-MO_x（M＝La、Nd、Mn、Fe 和 Cu）复合氧化物的催化碳烟燃烧活性。结果表明，Ce-Mn-O、Ce-Fe-O 和 Ce-Cu-O 三种复合氧化物的催化活性处于同一水平同时远远高于其他两种（Ce-La-O 和 Ce-Nd-O）催化剂。对比 MnO_2、Fe_2O_3 和 CuO 的价格及环境友好性等因素，Fe_2O_3 作为 CeO_2 的掺杂剂具有明显的优势。

　　宴冬霞等[35,48]系统地研究了系列铈铁（摩尔比 Ce/Fe＝0～1）复合氧化物催化剂催化碳烟燃烧活性，发现当形成的铈铁固溶体表面有微量游离纳米 Fe_2O_3 共存时，催化剂的性能最好，而且表面 Fe_2O_3 的存在还能一定程度上提高铈铁催化剂的高温抗老化能力，这主要是由于 Fe_2O_3 的还原性能受比表面积影响较小。为了提高铈复合铁材料的热稳定性，她还将 Zr 引入到了铈铁体系，研究了 Zr 含量对材料催化活性的影响，结果表明适当引入锆离子（Zr 摩尔百分比 20％左右）不仅可以改善材料的热稳定性，还能提高材料的催化性能。与此同时，她还比较了不同制备方法，如水热合成法、机械混合法、浸渍法、模板法、溶胶凝胶法及共沉淀法等，对其铈铁锆三元复合氧化物催化剂催化碳烟燃烧活性的影响，结果表明水热法制备的材料显示出了最高的活性和稳定性。

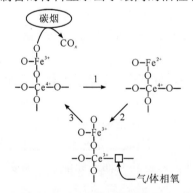

图 1-7　铈铁复合氧化物催化碳烟燃烧反应机理[44]

　　Zhang 等[44]更深入地研究了铈铁复合氧化物中 Fe_2O_3、CeO_2、氧空位以及由于铈铁交互作用而产生的新物种（Ce-O-Fe）等在碳烟燃烧过程中的作用，并给出了可能的反应机理（如图 1-7 所示）。他们认为，铁物种在碳烟燃烧过程中起着重要作用，但仅限于 Fe_2O_3

的表面氧或浅层氧，体相 Fe_2O_3 未参与反应。在催化反应过程中，碳烟首先与 Fe_2O_3 的表面氧反应生成 CO 或 CO_2，然后与该 Fe^{2+} 临近的铈配位上的晶格氧可将还原的铁离子（Fe^{2+}）重新氧化为 Fe^{3+}，这一过程将导致氧空位的形成，而氧空位作为活性位可捕捉反应气中的 O_2 从而补充该 Ce^{4+} 配位所损失的氧，如此便完成了一个 redox 循环的催化过程，如图 1-7 中 1→2→3 所示。这一催化过程能够高效运转的关键因素是 Ce-O-Fe 物种的出现，这是因为 Ce-O-Fe 针对碳烟的转化频率（TOF）远高于 Ce-O-Ce 和 Fe-O-Fe 物种。他们的数据还表明铈铁复合氧化物上 Ce-O-Fe 物种的浓度并未随铁含量的增加而升高，在铁摩尔含量范围为 1%～20% 的系列样品中，10%Fe/90%CeO_2 含有最丰富的氧空位和 Ce-O-Fe 物种，因此其催化活性最高。然而，如果以转化频率（TOF）为评价指标，Fe 摩尔含量范围为 5%～20% 的所有样品的活性则相差不大，这也说明所有铈铁样品上的活性位是一致的。

2. 催化氧化

催化氧化技术是提高能源利用效率和消除有机污染物的最有效的方法之一。CO 氧化和 CH_4 燃烧是一直是催化氧化领域的研究热点，而稀土基催化材料由于其独特的性质越来越受到广泛关注[61]。CO 催化氧化，既是机动车尾气的净化的研究内容之一，又是常规空气净化的重要课题，而富氢气体中 CO 选择性氧化（优先氧化）则是一种获得高纯 H_2 的重要方法。CH_4 既是清洁能源又是一种重要的温室气体，其催化燃烧是近些年能源领域的研究热点。铈铁复合氧化物，既可作非贵金属催化剂又能够充当贵金属催化剂的载体，在上述催化氧化领域都有着出色的表现。

作为非贵金属催化剂，Bao 等[41]研究了不同摩尔比铈铁（Ce/Fe＝95∶5～5∶95）复合氧化物催化 CO 氧化活性，发现 Fe 摩尔含量为 10% 的铈基固溶体（$Ce_{0.9}Fe_{0.1}O_{2-\delta}$）的催化活性最高。而造成这一现象的原因可以归结为该样品中的表面氧空位最丰富，过高或过低的铁掺杂量都会造成较低的氧空位浓度。作者因此认为表面氧空位是 CO 氧化的活性位。Liu 等[53]考察了铁摩尔含量低于 50% 的铈基复合氧化物催化 CH_4 氧化活性，依然是 $Ce_{0.9}Fe_{0.1}O_{2-\delta}$ 表现出了最好的催化性能，但与 Bao 等的结论不同，他们将其归因于铈基固溶体上易还原物种的出现以及较大的比表面积。Qiao 等[50]同时研究了铈铁复合氧化物催化 CH_4 和 CO 氧化，$Ce_{0.9}Fe_{0.1}O_{2-\delta}$ 的催化活性依然最高。他们认为材料的还原能力和比表面积是决定其催化 CH_4 氧化活性的关键因素，而材料的表面氧空位浓度对 CO 氧化起着决定性的作用。

在有贵金属存在的条件下，贵金属是催化过程的活性位，而铈铁复合氧化物作为载体与其作为催化剂活性组分相比，起着完全不同的作用。Penkova 等[62]研究了铈铁复合氧化物负载的金催化剂（Au/FeO_x/CeO_2）催化 CO 低温氧化。利用原位红外光谱技术，他们观察到了 Au/Au^+ 在催化过程中的 redox 循环现象，而这一现象对 CO 低温氧化至关重要。经进一步研究发现，Fe^{3+}/Fe^{2+} 和 Ce^{4+}/Ce^{3+} 的 redox 偶联作用导致了 Au 的氧化从而为其 redox 循环奠定了基础。这一现象表明 Fe^{3+}/Fe^{2+} 和 Ce^{4+}/Ce^{3+} 的 redox 协同作用是 Au/FeO_x/CeO_2 具有较强 CO 氧化催化活性的关键。Bonelli 等[63]的研究印证了这一观点，Au 与 FeO_x-CeO_2 体系中不同氧物种间强烈的相互作用大大提高了材料的还原性能和活化氧的能力,从而使其具有较高的催化氧化活性。

Luo 等[64]比较了 MO_x-CeO_2(M = Mn、Fe、Co、Ni、Cu)等不同复合氧化物负载钯(Pd)催化剂催化 CO 和 C_3H_8 氧化。原位漫反射红外光谱(DRIFTS)的结果表明铈基复合氧化物与 Pd 原子因协同作用而产生的活性氧可以与 CO 形成二齿碳酸盐中间体从而降低了 CO 的起燃温度。在这种情况下,由于 Fe^{3+} 能够进入 CeO_2 晶格形成铈基固溶体而促进钯与氧化物间的交互作用,使 PdCeFe 显出较强的催化 CO 氧化活性。与 CO 氧化不同,C_3H_8 氧化的主要决速步骤是 C—H 键的活化,而 C—H 键的断裂能力则由掺杂金属氧化物的 d 电子构型决定。这就导致负载少量贵金属时,该铈基贵金属催化剂的催化活性受掺杂元素的电子构型影响很大。Shen 等[65]的研究结果表明,CeO_2 暴露的晶面也会影响铈铁复合氧化物负载的 Pd 催化剂活性,因为 CeO_2 的(200)面较为活泼,当通过控制 CeO_2 形貌使复合催化剂中有较多(200)面暴露时,催化剂活性较高。

CO 在富氢气体中的选择性氧化(优先氧化)是 CO 氧化的另一个重要课题。Laguna 等[32]比较了铈铁复合氧化物(铁摩尔含量为 10%、25%和 50%)作为独立催化剂和负载金(Au)催化剂催化 CO 氧化和 CO 优先氧化反应。与铈铁氧化物独立催化剂相比,Au 的存在大大降低了 CO 的起燃温度和完全转化温度。铈铁比例对催化剂的活性也有影响,无论是作为载体还是单独作为催化剂,铁摩尔含量为 10%的样品都具有较高的活性。对于 CO 氧化和 CO 优先氧化,不同催化剂活性表现出了相似的规律,说明在富氢气体中 CO 的氧化应遵循与单纯 CO 氧化同样的机理。

在此基础上,该研究小组还比较了 Ce-Fe、Ce-Zr 和 Ce-Zn 复合氧化物负载金催化剂的 CO 优先氧化催化活性[33]。三种载体不同的结构特点展现了有趣的实验现象,揭示了固溶体和氧空位在贵金属催化剂中的作用。Ce-Fe 样品中,尽管铁掺杂进入了 CeO_2 晶格但却未形成表面氧空位,Ce-Zr 样品既形成了固溶体又产生了氧空位,而 Ce-Zn 样品中 CeO_2 与 ZnO 均孤立存在,未形成固溶体及氧空位。但是这三种载体均能通过提高 Au 颗粒的分散性而显示出相似的催化活性,说明氧空位以及固溶体都不是提高贵金属分散性的必要条件。另一方面,当三种复合氧化物作为独立催化剂时,Ce-Fe 复合氧化物表现出了明显高于其他两种样品的催化活性,这主要归因于铈铁样品具有较强的表面还原能力。同时说明,对于非贵金属催化剂,催化剂的表面还原能力对于 CO 氧化至关重要,而对于铈铁固溶体,即便没有氧空位存在,其依然拥有较强的表面氧活性。

然而,上述现象并不能否定氧空位的重要作用。Laguna 小组通过改变材料制备方法,还制备了一系列含有氧空位的铈铁复合氧化物,并考察了它们催化 CO 优先氧化的活性[34]。与 Bao 等[41]研究的常规 CO 氧化结果类似,铈铁材料中氧空位的浓度与其催化活性高度关联,较高的氧空位浓度有利于 CO 低温氧化。这表明,对于不含贵金属的铈基催化剂,氧空位在 CO 优先氧化过程中依然是个重要物种。

上述研究表明,在系列铈铁复合氧化物中,不管是否形成氧空位,铁摩尔含量为 10%都是最佳配比,都具有较高的 CO 氧化催化活性。大量研究证明氧空位在铈铁复合氧化物催化氧化过程中起着重要作用,但也有足够的证据表明有未知的铈铁物种同样扮演着不可忽视的角色,这应该是铈铁催化剂的特殊性所在。但就目前所掌握的数据来看,研究者还未能对该铈铁物种的形成原因和存在状态有较为深刻的认识。

3. 氢气(H_2)/合成气制备

H_2 作为最为清洁的能源而合成气作为能源领域气液间接转换的重要媒介，被看作是传统能源与新能源的交叉点。H_2/合成气制备根据制备原料和制备方法的不同有很多种，而铈铁材料所涉及的主要有太阳能热分解水制氢、化学链循环制氢气或合成气及醇类重整制氢。

基于太阳能的热分解水制氢是指，利用太阳能高温加热氧化物使其在高温时失去氧，而在较低温度从水蒸气中重新获得氧并将水还原为 H_2，两步循环可实现 H_2 的连续生产[66]。Kaneko 等[55]比较了 CeO_2-MO_x(M=Mn，Fe，Ni，Cu)热分解水性能，结果表明 Ce-Mn、Ce-Fe 和 Ce-Ni 体系较适合通过两步的 redox 循环生产 H_2，铈铁样品在 1400 ℃ 释放氧、1000 ℃ 与水蒸气反应产氢，连续循环四次，可以得到 2.26 cm^3/g 的稳定产氢率。之后，他们详细研究了 Fe 含量对铈铁复合氧化物热分解水性能的影响[38]。结果表明，在两步反应过程中，第一步产氧和第二部产氢量都不受 Fe 含量的影响，说明在铈铁复合氧化物上两步热分解水是通过 Ce^{4+}-Ce^{3+} 氧化还原循环实现的。穆斯堡尔研究证实，铈铁体系中同时含有 Fe^{3+} 和 Fe^{2+}，而这些铁物种可以促进 Ce^{4+}-Ce^{3+} 间的循环。

化学链循环制合成气或 H_2 与太阳能的热分解水制氢同属于通过 redox 循环两步的制氢方法。不同的是，前者利用碳氢化合物(如 CH_4)先将固态氧化物还原而后利用空气或水再生[67]。这样，第一步可生产合成气，而第二步如用水作为氧化剂则可生产纯氢。由于第一步要求固态氧化物与碳氢化合物反应生成合成气(H_2 和 CO)，所选取的固态氧化物必须有选择性氧化碳氢化合物(而不是完全氧化为 CO_2 和 H_2O)的特性。基于此，本课题组比较了 Ce-Mn、Ce-Fe 和 Ce-Cu 复合氧化物对 CH_4 的反应活性，结果表明 Ce-Mn 和 Ce-Cu 体系上的氧物种过于活泼容易将 CH_4 完全氧化为 CO_2 和 H_2O，而 Ce-Fe 复合氧化物上的氧物种具有较强的选择性，可将 CH_4 选择性地氧化为 CO 和 H_2[42,68-70]。因为 CeO_2 具有通过固-固反应将积碳选择性氧化为 CO 的特性[71]，而铁物种又有催化 CH_4 裂解的活性，我们认为 CH_4 与铈铁复合氧化物的反应是通过先裂解而后选择性氧化积碳的间接方式进行的。由于 CH_4 的裂解速度较快，积碳的选择性氧化是该反应的决速步骤。

在此基础上，我们还研究了 Al_2O_3、MgO 和 SiO_2 等不同载体对铈铁复合氧化物部分氧化 CH_4 活性的影响，并制备了整体型催化剂[72]。结果表明，Al_2O_3 载体可使样品具有较大的比表面积，但该材料在反应前期容易引起 CH_4 完全氧化而在反应后期催化 CH_4 裂解；SiO_2 载体烧结现象比较严重，所得复合材料反应活性很低；只有 MgO 载体不仅提高了材料的抗烧结能力，还增强了铈铁氧化物部分氧化 CH_4 活性。

随后课题组还比较了 Ce-M-O(M=Zr、W、Fe、Ni)等复合氧化物在 CH_4/H_2O 化学链循环制合成气和 H_2 的反应特性[73-77]。结果表明 CeO_2-ZrO_2 与 CeO_2-Fe_2O_3 显示出较高的反应活性，而 CeO_2-Fe_2O_3 由于更具价格优势被认为是更具应用潜力的化学链循环制氢催化剂。我们随后考察了不同铈铁比例 Fe_2O_3-CeO_2 在真实反应条件下的 redox 循环性能 (850 ℃ CH_4 还原催化剂制合成气、700 ℃ 水蒸气与还原的催化剂反应制氢)，循环 10 次合成气和 H_2 产率并未有明显下降。Galvita 等[78]研究了 Fe_2O_3/CeO_2-ZrO_2 体系的 redox

循环性能，多次高温氧化还原循环后其还原能力与新鲜样品几乎相同，显示出较高的循环稳定性。这一点也在 H_2 与 O_2 交替的 redox 循环实验中被证实。

乙醇水蒸气重整制氢也是一项重要的制氢工艺，高比表面积的铈铁复合氧化物对这一反应表现出较好的催化活性。Liang 等[36]的研究表明，与单纯的 CeO_2 和 Fe_2O_3 相比，$Ce_{1-x}Fe_xO_{2-\delta}$ 的催化活性明显较高，这不仅是因为铈铁材料具有更高的比表面积，而且因为 Fe 的掺杂导致产生了较丰富的氧空位。与上述 CO 氧化的结果类似，在系列铈铁样品中，$Ce_{0.9}Fe_{0.1}O_{2-\delta}$ 显示出了最高的催化活性。Pojanavaraphan 等比较了铈铁复合氧化物作为独立催化剂和其负载的金催化剂催化甲醇水蒸气的重整活性，结果表明，不管贵金属是否存在，铈铁材料都在乙醇转化过程中起着重要作用。没有贵金属参与时，铈铁固溶体可认为是催化乙醇重整的活性相；当贵金属作为催化剂时，铈铁载体较强的还原能力大大增强了金催化剂的催化活性和抗烧结能力。催化剂中 Au 负载量为 3wt％时，400 ℃甲醇转化率可达 100％。

4. 有机物合成

铈铁复合氧化物在由烷烃、烯烃或醇类合成附加值更高的有机物领域也有应用。Kamimura等[79]考察了 Mg、Ca、Sr、Ba、B、Al、Cr、Mn、Fe、Co、Ni、Cu 和 Zn 等十三种金属氧化物修饰 CeO_2 催化 1-丙醇转化制备 3-戊酮的反应，发现 CeO_2-Fe_2O_3 的活性最高。催化剂的转化频率与铁的含量密切相关，当铁含量较高时，随着反应进行，部分表面 Fe_2O_3 会转化为 Fe_3C，而铁含量较低时则无此现象。因此，作者认为铁含量较低时铈铁固溶体是活性物种，当铁含量较高时铈铁固溶体和 Fe_3C 都是活性位[51]。

Nedyalkova 等[80]研究了 Ce-Zr-Fe 三元复合氧化物催化 CH_4 直接转化制甲醛的反应。在 Zr^{4+} 存在的条件下，Fe^{3+} 依然可以进入 CeO_2 晶格形成固溶体，尽管该催化剂的比表面积非常低(低于 10 m^2/g)，但却能高效活化 CH_4，CH_4 转化率可达 6％这在同类催化剂中是较高的。催化反应过程中，CH_4 的转化率受催化剂中铁含量的影响不大，但甲醛的选择性与铁含量的关系非常密切，较高的铁含量可导致高的选择性，当 Fe^{3+} 取代 Zr^{4+} 的摩尔比为 25％时，甲醛的选择性高于 50％。

Reddy 等[43]研究了环乙烯在 Fe_2O_3/CeO_2 催化剂上的环氧化作用。材料表面分析认为当铁含量为 2％或 5％时，有高分散的铁物种存在于材料表面，而当铁含量增加到 10％或 20％时，聚集的 Fe_2O_3 粒子开始出现。表面高分散的铁物种有利于环乙烯的转化以及环氧物种的生成，材料的酸性和低温还原能力亦与其催化活性关系密切。铈铁材料上的强酸和弱酸位可以认为是环乙烯转化的活性位，另外铈铁复合氧化物较低的还原温度也对该催化剂较高的催化活性有贡献。

5. 固体氧化物燃料电池

作为一种清洁高效的能源系统，固体氧化物燃料电池一直是电化学领域的研究热点。Lv 等[57]将铈铁复合氧化物($Ce_{1-x}Fe_xO_{2-\delta}$)作为氢燃料固体氧化物燃料电池的阳极考察了其电化学性质，并研究了其在还原气氛中的稳定性。结果表明，$Ce_{0.9}Fe_{0.1}O_{2-\delta}$ 在高温氢气气氛下是稳定的，而 $Ce_{0.8}Fe_{0.2}O_{2-\delta}$ 则由于氢的还原导致金属铁从固溶体中析出。在

550～700 ℃范围内，$Ce_{1-x}Fe_xO_{2-\delta}$ 显示出了较高的电化学氧化氢活性，材料的极化电阻随着铁含量的升高而降低。在湿氢气氛中，$Ce_{0.9}Fe_{0.1}O_{2-\delta}$ 和 $Ce_{0.8}Fe_{0.2}O_{2-\delta}$ 在 700 ℃的极化电阻分别为 $0.975\Omega \cdot cm^2$ 和 $0.577\Omega \cdot cm^2$。

他们还以同样的方法研究了 $Ce_{1-x}Fe_xO_{2-\delta}$ 作为阳极材料参与以 CH_4 为燃料的固体氧化物燃料电池的运行情况[81]。在 700 ℃、湿 CH_4 气氛中，$Ce_{0.8}Fe_{0.2}O_{2-\delta}$ 的极化电阻为 $1.27\Omega \cdot cm^2$。单电池在 800 ℃的最大功率密度为 $52\ mW/cm^2$，在湿 CH_4 气氛中运行 20h 后，只有微量的积碳形成，说明 $Ce_{0.8}Fe_{0.2}O_{2-\delta}$ 作为 CH_4 燃料电池的阳极材料有较好的抗积碳能力。

1.2　铈修饰的 Fe_2O_3 基复合材料的催化应用

Fe_2O_3 是一种重要的无机材料，廉价无毒且化学性质稳定，特别是其表面效应和体积效应明显，是一种理想的催化材料。依托于 Fe_2O_3 的特性，铈修饰的 Fe_2O_3 基复合材料在催化领域的应用主要集中在费托合成、NO_x 和硫化物等污染物消除以及污水中有机物湿氧化等方面。

1.2.1　费托合成

费托合成(Fischer-Tropsch synthesis)，是以合成气(CO 和 H_2)为原料在催化剂和适当条件下合成液体燃料的工艺过程，铁基催化剂是较为常用且活性较高的一类费托合成催化剂。Pérez-Alonso 等[10]将 CeO_2 引入铁基催化剂发现，当铈含量较低时(摩尔含量 5%)，部分 Ce^{4+} 可以进入 Fe_2O_3 晶格中可形成 α-Fe_2O_3 基固溶体，尽管铈的掺杂量很低，这一结构的变化仍然在催化过程中显出重要作用。与没有形成固溶体的样品相比，固溶体的出现大大增强了 CO 转化率，降低了产物中 CH_4 的选择性，提高了烃类和石蜡的产率以及长链烃的选择性。

经进一步研究发现[23]，CeO_2 对铁基催化剂的促进作用是通过 Ce-O-Fe 桥来实现的，而 Ce-O-Fe 桥的产生可以通过两种方式：①形成 α-Fe_2O_3 基固溶体；②无定形 Fe_2O_3 与 CeO_2 颗粒紧密相连或 γ-Fe_2O_3 颗粒被 CeO_2 包裹形成核壳结构。另外，由于 Ce 的添加使样品具有较高的比表面积也是催化剂活性提高的一项重要原因。需要指出的是，铈铁间这些微结构上的交互作用都是在溶液阶段制备前驱体时形成的，因此选择合适的材料制备方法对该催化剂至关重要。在反应过程中，无铈催化剂的催化活性随着 Fe_3C 通过 C_β 向 γ-$Fe_{2.5}C$ 转换而升高，而铈的添加也通过促进 C_β 的形成从而加速了 Fe_3C 向 γ-$Fe_{2.5}C$ 的转化[25]。正因此，CeO_2 作为添加剂才可大大缩短铁基催化剂的活化时间，并使催化剂在稳定反应阶段长时间保持较高的催化活性。

基于铈铁复合材料在费托合成的出色表现，Pérez-Alonso 等[27]还将该催化剂延伸到 CO_2 加氢领域。然而，CeO_2 的添加并没有明显提高 CO_2 的转化率和链烃的产率及选择性，只是缩短了催化剂由非稳态到稳态的时间，即催化剂上产生活性物种的活化时间。这说明，铈的出现能够促进 Fe_2O_3 与 CO_2 较快反应生成中间活性物种，而不能增加活性物种的数量。

1.2.2 废水中有机物、硫化物的消除

在城市水污染中，硫化物和有机物污染对人类健康危害极大，必须及时处理。脱除剂与硫化物反应的无氧脱除硫化物技术是污水中硫化物消除的重要方法之一，而催化湿氧化是污水中处理有机物最有效的方法之一。

Petre 等[82-84]首先将铈铁复合氧化物用于废水中无氧脱除硫化物的反应中，并且在脱除工艺、反应路径和材料微宏观性质与其硫化物脱除行为相关性等方面做了深入的研究。其结果表明，在没有氧存在的条件下，催化剂的氧化还原能力对硫化物的脱除至关重要。除了铈铁复合材料具有优越的氧化还原能力外，CeO_2的存在增加了Fe^{2+}与溶解氧的电子转移也是导致该材料具有高效硫化物脱除活性的重要原因。

Carriazo 等[85]以苯酚作为有机物模型分子，研究了Al_2O_3负载的铈铁复合氧化物室温下处理双氧水湿氧化苯酚活性。结果表明，Fe^{3+}是催化反应的活性位，而铈物种的存在可大大提高催化剂的反应活性。Ce-Fe-Al 复合材料在催化反应过程中非常稳定，室温及环境压力下（一个大气压）90 分钟处理污水中苯酚（470 ppm）的转化率可达100%，而且产物中H_2O和CO_2的含量为55%左右。Massa 等[56]比较了CeO_2负载的Fe_2O_3与WO_3在较高温度（60～100 ℃）催化苯酚（被双氧水）湿氧化的性能，Fe_2O_3/CeO_2催化剂亦显示出了明显的优势。与WO_3/CeO_2相比，Fe_2O_3/CeO_2催化剂对反应温度更为敏感，高温更利于苯酚的转化。600～900 ℃的高温焙烧使Fe_2O_3/CeO_2催化剂更为稳定，但却导致催化剂活性和CO_2选择性的降低。

Liu 等[86,87]研究了Fe_2O_3-CeO_2-TiO_2/γ-Al_2O_3催化污水中甲基橙等污染物被空气湿氧化反应。复合氧化物的相互作用表现了优越的性能：500 mg/L 的甲基橙在 50 g/L 催化剂的处理下，2.5 小时内颜色和总有机碳转化率均超过98%。由于吸附了含有 C、N 和 S 的中间产物而失活的催化剂可以通过盐酸清洗后焙烧而获得再生，他们还研究了具有一定形貌的纳米/微米 Fe_xO_y/CeO_2材料催化六氯苯降解活性，研究发现，磁性Fe_2O_3的存在以及多孔结构和多组分协同作用可有效提高材料的催化活性[88]。

1.3 本书的研究主旨

由于铈铁间特殊的交互作用，铈铁复合氧化物在催化领域有着广泛的应用，近年来越来越受到国内外学者的重视。铈铁的交互作用主要有两种表现形式：①形成 CeO_2基固溶体；②铈铁物种间较紧密的接触，形成特殊界面层。目前关于铈铁固溶体的研究较多，但是对于铈铁物种间紧密接触的类型、方式及这一特殊接触对材料物理化学性质的影响等方面的认识还非常有限，而关于铈铁界面层在催化过程中作用的研究还未见报道。另一方面，铈基固溶体中铁的掺杂量和氧空位的浓度对材料制备条件（前驱盐种类、制备方法和焙烧温度等）非常敏感，但相关方面的系统研究还很缺乏。再者，CeO_2修饰的铁基材料在催化领域长期未受到重视，目前尚没有报道其在催化氧化领域的应用。

挥发性有机物（Volatile Organic Compounds，VOCs）是大气环境的主要污染物之一，严重损害人体健康。催化氧化法是目前公认的最有效消除 VOCs 的手段之一，而丙烯

(C_3H_6)是研究 VOCs 氧化常用的模型分子。CH_4 化学链部分氧化制合成气是一种新颖的合成气制备方法，与传统的部分氧化法相比可不使用纯氧且无爆炸危险。

鉴于上述分析，本书的主要研究内容为：

（1）利用不同方法制备铈基掺铁固溶体，系统研究铈基材料的物理化学特征。通过考察铈基固溶体的形成规律与高温结构演化行为、还原能力、储氧性能和高温 redox 循环行为以及材料在 redox 循环过程的宏观和微观演变，探索材料结构与其化学性质的相关性。

（2）系统研究 CeO_2 修饰的铁基复合氧化物的结构特点、化学性质、热稳定和 redox 循环稳定性，讨论材料这些性质间的相互关系，通过与惰性载体复合，考察载体在高温氧化还原气氛中的作用。

（3）研究铈基掺铁固溶体作为储氧材料通过气－固反应部分氧化 CH_4 制备合成气的活性，重点讨论该材料上不同氧物种对 CH_4 氧化的活性和选择性，探求气－固反应中铁物种的作用，并给出了初步的反应机理。在高温（850 ℃）连续 CH_4/O_2 交替气氛下考察铈基掺铁固溶体结构和化学稳定性。

（4）研究铈基掺铁固溶体和 Fe_2O_3 基复合氧化物催化丙烯燃烧活性。重点考察铈基掺铁固溶体催化丙烯燃烧活性对其结构的敏感性，讨论氧空位、固溶体和表面 Fe_2O_3 颗粒在催化过程中的作用。对比铈基掺铁固溶体和 Fe_2O_3 基复合氧化物的催化活性和稳定性，探索通过结构设计提高铈铁复合氧化物适应苛刻反应条件的可行方案。

本书的创新点主要有：

（1）首次系统研究了 CeO_2 对 Fe_2O_3 物理化学性质和催化性能的修饰作用，发现了铈铁界面对 Fe_2O_3 还原能力和催化活性的促进作用，CeO_2 颗粒可在高温焙烧后仍保持高分散，从而使该材料在严重烧结后仍有较高的还原能力和催化活性。

（2）对铈基掺铁固溶体在焙烧过程中的演变规律进行了深入研究，将其与氧空位的形成相关联，揭示了固溶体中取代位 Fe^{3+} 和间隙位 Fe^{3+} 在焙烧过程中的演变规律，明确了氧空位浓度与铁掺杂量的关系。

（3）探明了铈基掺铁复合氧化物上表面铁物种在还原和催化过程中的作用，特别是其在 redox 循环过程中的迁移特性，发现氧空位并非是决定铈基掺铁固溶体催化 VOCs 氧化的决定性物种，这与传统上对铈基催化材料的认识不同。

（4）将 CeO_2 修饰的铁基催化材料应用于丙烯燃烧属首次报道。通过材料形貌与其催化性能关联性分析，特别是 CeO_2 和 Fe_2O_3 颗粒的微观结合方式与其催化活性和稳定的关联特性，提出了通过结构设计提高该类催化剂性活性的原则。

第 2 章　实验总述

2.1　化学试剂

实验所用主要化学试剂及规格如表 2-1 所示：

表 2-1　原料及规格

试剂名称	分子式	分子量	规格	生产厂家
CH_4	CH_4	16.0	>99.99%	昆明氧气厂
CO_2/N_2 标准气	—	—	>99.99%	上海神开气体技术有限公司
O_2/N_2 标准气	—	—	>99.99%	梅塞尔气体有限公司
氮气	N_2	28.08	>99.5%	昆明氧气厂
氢气	H_2	2.05	>99.9%	梅塞尔气体有限公司
氩气	Ar	39.95	>99.99%	梅塞尔气体有限公司
氧气	O_2	32	>99.5%	昆明氧气厂
碳烟	—	—	分析纯	Degussa 公司标准 Printex-U 样品
硝酸钯(溶液)	$Pd(NO_3)_2$	178.94	4.553%	日本和光
十六烷基三甲基溴化铵	$[CH_3(CH_2)_{15}]N(CH_3)_3Br$	364.36	分析纯	天津大茂化学试剂厂/日本和光
硝酸铜	$Cu(NO_3)_2 \cdot 3H_2O$	241.4	分析纯	天津大茂化学试剂厂
硝酸铁	$Fe(NO_3)_3 \cdot 9H_2O$	404	分析纯	汕头西陇化工厂/日本和光
硝酸锆	$Zr(NO_3)_4 \cdot 5H_2O$	429.33	分析纯	天津福晨化学试剂厂
硝酸铈	$Ce(NO_3)_3 \cdot 6H_2O$	424.34	分析纯	天津福晨化学试剂厂/日本和光
硝酸铵铈	$Ce(NH_4)_2(NO_3)_6$	548.22	分析纯	日本和光
氢氧化钠	$NaOH$	40	分析纯	汕头达濠精细化学品公司
双氧水	H_2O_2	34.01	分析纯	汕头达濠区精细化学品有限公司
氨水	NH_3	17.03	分析纯	重庆川东化工(集团)有限公司/日本和光
无水乙醇	CH_3CH_2OH	46.07	分析纯	汕头市达濠精细化学品公司/日本和光
去离子水	H_2O	18	分析纯	自制

2.2　实验仪器设备

表 2-2 列出了实验所用主要仪器设备。

表 2-2 实验所用仪器设备

仪器名称	型号	生产厂家
气相色谱分析仪	7890A GC/HP-Plot 5A、HP-Plot-Q	安捷伦有限公司
红外线气体分析仪	NDIR 型(0～5%)	上海宝英光电科技有限公司
电子天平	FA2004N 型	上海精密科学仪器有限公司天平仪器厂
电子天平	AL204-IC	梅特勒—托利多仪器(上海)有限公司
箱式电阻炉	YFSRJX-4-4-13(1300 ℃)	上海市崇明实验仪器厂
电炉温度控制器	KSY-6-16	上海市崇明实验仪器厂
管式电炉	YFFK80 * 1000/12T-GC	上海意丰电炉厂
多工位真空管式炉	GSL-1100X	合肥科晶材料技术有限公司
VOC 监控系统	VFM-1000F	日本岛津
便携式气体分析仪	PG-240	日本 HORIBA
电热恒温鼓风干燥箱	DHG-9240A 型	上海一恒科学仪器有限公司
数显恒温多头磁力搅拌器	HJ-4A	金坛市荣华仪器制造有限公司
循环水式真空泵	SHZ-D(Ⅲ)	巩义市予华仪器有限责任公司
粉末压片机	769YP-24B	天津市科器高技术公司
美的冰箱	BCD-193EM	美的集团电冰箱制造(合肥)有限公司
微量无机型超纯水机	AWL-0501-UT	外商独资重庆颐洋企业发展有限公司

2.3　材料的制备

2.3.1　共沉淀法制备复合氧化物

分别以 $Ce(NO_3)_2 \cdot 6H_2O$、$Ce(NH_4)_2(NO_3)_6$、$Fe(NO_3)_3 \cdot 9H_2O$ 和 $Zr(NO_3)_4 \cdot 5H_2O$ 为前驱盐,根据所设计复合氧化物各组分的化学计量比称取相应盐配制成总浓度为 0.25 mol/L的盐溶液(对于十六烷基三甲基溴化铵(CTAB)修饰的样品制备,则首先配置体积比为 10%的乙醇水溶液,然后溶解 CTAB 和相应盐,CTAB 与溶液中阳离子摩尔比为 1:3);充分搅拌,均匀混合。在室温剧烈搅拌条件下,缓慢滴加 8%的氨水入混合溶液中,得到沉淀物。沉淀完全后继续搅拌 3 h。静置 12 h后,用布氏漏斗抽滤。沉淀物用去离子水和乙醇分别洗涤后静置过夜,然后在 110 ℃的条件下干燥 24 h,烘干后的固体放入马弗炉中以 600 ℃焙烧 3 h,即得相应复合氧化物催化剂。将所得催化剂于 800 ℃焙烧 3 h 或 1000 ℃焙烧 3 h,即得高温老化催化剂。利用 CTAB 修饰的样品,分为两部分:一部分沉淀完成后静置过夜后洗涤抽滤,但沉淀物种仍含有部分 CTAB,于 110 ℃条件下干燥 24 h,在特定温度条件下焙烧;另一部分沉淀后室温老化 10 天,离心分离三次,洗涤过滤,产物中基本无 CTAB 残留,后续处理与前一部分相同。

2.3.2　水热法制备复合氧化物

分别以 $Ce(NO_3)_2 \cdot 6H_2O$、$Fe(NO_3)_3 \cdot 9H_2O$、$Zr(NO_3)_4 \cdot 5H_2O$ 和 $Cu(NO_3)_2 \cdot 3H_2O$

为前驱盐，根据所设计复合氧化物各组分的化学计量比称取相应盐配制成总浓度为 0.25 mol/L 的盐溶液，再加入适量的 H_2O_2，充分搅拌，均匀混合。在室温剧烈搅拌条件下，将上述混合溶液以 5 mL/min 的速率滴入 5 mol/L 的氨水中，得到沉淀物。沉淀完全后继续搅拌 60 min。老化 60 min 后移去部分上层清液，将所得沉淀物移入高压反应釜中（反应釜填充度为 65%），于 220 ℃时保温 48 h。所得产物分别用去离子水和乙醇洗涤后，在 110 ℃的条件下干燥 12 h，得到相应复合氧化物催化剂。将所得催化剂于 600 ℃焙烧 10 h 后于 800 ℃继续焙烧 10 h，即得老化后催化剂样品。

2.3.3　浸渍法制备铈铁复合氧化物载体型催化剂

配制 $Ce(NH_4)_2(NO_3)_6$ 和 $Fe(NO_3)_3 \cdot 9H_2O$ 摩尔比为 2∶8 的溶液，阳离子总浓度为 0.05 mol/L，加入 Al_2O_3、SBA-15 或 SiC 载体（按铈铁复合氧化物与载体质量比为 1∶4，即负载量为 20%配制）后搅拌 2 h，缓慢滴加 8%的氨水入悬浊液中至 pH 为 9～10，搅拌 3 h 后静置过夜，超声振荡 20 min，继续搅拌 3 h 后过滤，−42 ℃冷冻 48 h，60 ℃真空干燥 48 h，600 ℃焙烧 3 h，获得所需催化剂。

2.3.4　浸渍法制备负载贵金属催化剂

0.2196g 4.553%的 $Pd(NO_3)_3$ 溶液缓慢滴入 100 mL 去离子水中，搅拌 30 min 后加入 2 g 载体，超声振荡 2 h 后真空干燥 48 h，然后以 600 ℃焙烧 3 h，获得所需贵金属催化剂，将此催化剂于 900 ℃焙烧 5 h，获得高温老化催化剂。

2.4　材料的表征

2.4.1　物相组成测定（XRD）

氧载体的物相组成分别由日本理学 D/max-Rc 型和 MiniFlexII 型 X 射线衍射仪进行测定。D/max-Rc 型工作条件为 Cu 靶，管电压 40 kV，管电流 40 mA，扫描步长 0.01°，扫描速率 2°/min，扫描范围 $2\theta = 10° \sim 100°$。MiniFlexII 型 Cu 靶，管电压 30kV，管电流 15mA，扫描步长 0.02°，扫描速率 1deg/min，扫描范围 $2\theta = 10° \sim 90°$。

2.4.2　微观形貌分析（TEM）

材料的微观形貌分析采用日本电子株式会社的 JEOL JEM-2100(UHR) 高分辨透射电子显微镜（HRTEM）以及 Philip 公司的 XL30ESEM 扫描电子显微镜（SEM）完成。同时，在 HRTEM 下可观察到晶相物质的晶格。

2.4.3　比表面积测量（BET）

氧载体的比表面积在美国 Mcromeritics TriStar Ⅱ型吸附仪上测定。在液氮温度（77.4K）下 N_2 的吸附/脱附等温线，由 BET 方程计算样品比表面积。

BET 方程如下：

$$\frac{p}{V(p_0-p)}=\frac{1}{V_m C}+\frac{C-1}{V_m C}\frac{p}{p_0} \tag{2-1}$$

式中，p：氮气分压；p_0：液氮温度下，N_2 的饱和蒸气压；V：样品表面 N_2 的实际吸附量；V_m：N_2 单层饱和吸附量；C：与样品吸附能力相关的常数。

$$S_g=4.353V_m\ (m^2/g) \tag{2-2}$$

2.4.4 X 射线光电子能谱分析

X 射线光电子能谱(XPS)是表征催化剂的表面元素化学组成、结构和电子特性的一种手段。XPS 实验在美国 PHI5500 型 X 射线光电子能谱仪上进行，采用 Mg Kα 作为辐射源(hν＝1263.6eV)，操作电压为 200W。样品经粘贴，按实验要求处理后转入测试室，在 2.66×10^{-6} Pa 的高真空下记录谱图。样品表面相对原子比按照光谱峰面积计算得到。得到 XPS 谱图按照样品中的污染碳 C1s(284.87eV)为内标进行校正。

2.4.5 程序升温还原(TPR)分析

H_2-TPR 是研究催化剂在不同温度下还原行为的一种原位技术，将组成一定的还原气先通过热导池的一臂，然后通过反应器，经由冷阱，再通过热导池的另一臂，此时由于还原作用导致气流中氢浓度的改变，导致导热率的变化。由于还原气流量是不变的，故氢浓度的变化与催化剂的还原程度成正比。我们利用这一技术对催化剂的还原行为进行观察。第三章和第四章中实验过程在 5vol％ H_2/Ar 混合气气流中进行，以 10 ℃/min 的升温速率从室温升高至 800 ℃并恒温 20 min，He 流量为 30 cm³/min。第 5 章和第 6 章中实验过程在 10vol％ H_2/Ar 混合气气流中进行，以 10 ℃/min 的升温速率从室温升高至 900 ℃，He 流量为 75 cm³/min，仪器在此过程中根据系统软件自动记录氢气消耗的感应，并给出 TPR 谱图。CO-TPR 的实验仪器与 H_2-TPR 类似，所不同的是反应产物采用四极质谱检测。

2.4.6 程序升温氧化(O_2-TPO)分析

H_2-TPR 试验后，降至室温，以 He 吹扫 30 min，在 75 cm³/min O_2/N_2(O_2 体积含量 5％)混合气流中，以 10 ℃/min 的升温速率从室温升高至 900 ℃，O_2 消耗信号由 TCD 检测。

2.4.7 储氧性能(OSC)测定

OSC 是表征储氧材料性能的一个重要参数。实验装置与 TPR 和 TPD 的相同，将经 H_2-TPR 处理过的 100mg 氧载体，经 He 吹扫 1 h 后，恒温脉冲注射高纯 O_2，直至氧气峰不再变化为止。总储氧量由累计减少的锋面积得到。

2.4.8 氧化还原(redox)循环性能测定

H_2-TPR 实验完成后，进行 TPO 或 OSC 实验，恢复催化剂在 TPR 过程中失去的氧，重复 TPR-TPO/OSC 操作，考察材料的 redox 性能。

2.4.9 程序升温氧脱附(O$_2$-TPD)分析

程序升温氧脱附实验主要用来测定氧载体表面氧物种的种类及其随温度的脱附情况。实验装置与 TPR 的相同，100 mg 样品经 400 ℃经 O$_2$ 预处理 1 h 后，降至室温并用 He 吹扫 30 min，然后在 75 cm^3/min 氦气流中，以 10 ℃/min 的升温速率从室温升高至 900 ℃，氧脱附信号由 TCD 检测。

2.4.10 热重/差热(TG/DTA)分析

热重法(Thermogravimetry，TG)是由程序控制借助热天平以获得样品的质量与温度关系的一种技术。差热分析(Differential Thermal Analysis，DTA)是在程序控温下测量样品和参比物的温度差与温度(或时间)相互关系的一种技术。热重/差热(TG/DTA)分析是推断样品的热分解机理的常用手段。TG/DTA 测试设备是德国耐驰 STA409 PC Luxx 热重差热差示扫描量热分析仪。实验升温速率为 10 ℃/min，空气或 N$_2$ 气氛，气体流量为 50mL/min，测量温度范围为 20～900 ℃。

2.4.11 拉曼测试(Raman Spectroscopy)

拉曼光谱分析采用英国雷尼绍(Renishaw)公司的 Invia 显微激光拉曼光谱仪。入射光波长 $X=514.5$nm，采用 Ar$^+$ 激光器，用于每个样品测试时激光器输出功率为 4mW，分辨率 5cm^{-1}，显微镜物镜×20，扫描范围 100～1800cm^{-1}，曝光时间 40s。

2.5 催化剂的活性评价

2.5.1 丙烯完全氧化反应

丙烯的氧化反应在一套固定床反应系统上进行，该系统包括预处理、反应和尾气检测三部分。首先，将 200 mg 催化剂(含贵金属催化剂为 100mg)装入微反应器中，放置恒温区。反应开始之前，样品在 600 ℃CO$_2$(体积比 5％ O$_2$/N$_2$)或 H$_2$(体积比 5％ H$_2$/N$_2$)气氛中预处理 1 h。反应时，催化剂在 500 mL/min "3345ppm C$_3$H$_6$＋0.5％O$_2$＋平衡 He" 混合气体中以 10 ℃/min 程序升温至 600 ℃，恒温 10min 后，以 10 ℃/min 程序降温至室温。尾气由一个 VOC 监控系统和一个便携式气体分析仪监测成分变化，以评价催化剂性能。

2.5.2 化学链 CH$_4$ 部分氧化反应

氧载体活性评价在自建的一套常压小型固定床反应装置上进行，如图 2-1 所示。产物气成分由一台上海分析仪器厂 GC112A 型和一台安捷伦 7890A GC 型气相色谱仪进行在线检测。GC112A 型色谱装配 TX-01 型色谱柱，7890A GC 型色谱装配 Plot 5A 型和 Plot-Q 型色谱柱。通过保留时间进行气体成分的定性，面积归一法对检测气体的具体含量进行定量。

将催化剂放置反应器中部,其他部分填充 $20\sim40$ 目的石英砂,以减少反应器的死体积。反应器在一个控温管式电炉中进行加热,控温精度为 ±1 ℃。放入氧载体后,先在 300 ℃的 N_2(纯度 99.9%)气氛中干燥 30min,然后通入 10mL/min 原料气 CH_4(纯度为 99.99%)。产物气经冷阱将液体冷凝下来,不凝气体经取样口排至室外。CH_4 在氧载体上的程序升温实验,升温速率为 15 ℃/min。反应后的氧载体在恒温、恒定空气流速条件下再生。

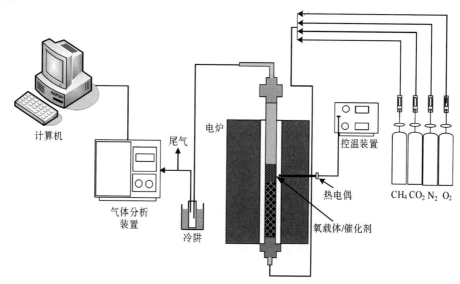

图 2-1 化学链 CH_4 部分氧化实验装置示意图

2.5.3 催化剂的活性评价方法

丙烯氧化实验采用 T_{10},T_{90} 和 ΔT 作为催化剂活性的主要评价指标。T_{10} 为丙烯转化率为 10% 时的温度,T_{90} 为丙烯转化率为 90% 时的温度,$\Delta T=T_{90}-T_{10}$,反映了不同催化剂上碳烟燃烧速率的差异,ΔT 越小,则认为丙烯氧化速率越快。

化学链部分氧化 CH_4 综合采用 CH_4 转化率(X_{CH_4})、H_2 和 CO 的选择性(S_{H_2} 和 S_{CO})以及 H_2 与 CO 比例($n\,H_2/n\,CO$)作为催化剂活性的评价指标,其计算公式为:

CH_4 转化率:

$$X_{CH_4}=1-\frac{尾气中的\ CH_4\ 摩尔数}{原料气中\ CH_4\ 摩尔数}\times100\% \qquad (2\text{-}3)$$

H_2 选择性:

$$S_{H_2}=\frac{尾气中\ H_2\ 的摩尔数}{尾气中\ H_2\ 摩尔数+尾气中\ H_2O\ 的摩尔数}\times100\% \qquad (2\text{-}4)$$

CO 选择性:

$$S_{CO}=\frac{尾气中\ CO\ 的摩尔数}{尾气中\ CO\ 摩尔数+尾气中\ CO_2\ 的摩尔数}\times100\% \qquad (2\text{-}5)$$

H_2 和 CO 的比值:

$$n_{H_2}/n_{CO}=\frac{尾气中\ H_2\ 的摩尔数}{尾气中\ CO\ 摩尔数} \qquad (2\text{-}6)$$

第3章 铈基掺铁固溶体的结构特点与氧化还原性质

对于铈铁复合氧化物,将 Fe^{3+} 掺杂进入 CeO_2 晶格形成具有萤石结构的 CeO_2 基固溶体并诱发产生氧空位,是目前的研究重点[9,33,34,36-38,41,43,44,50,53,57,81]。但就现有研究成果来看,不同条件下氧空位的形成与湮灭机理尚不十分清楚,一些关系到铈基复合氧化物实际催化应用的性质,例如铈铁固溶体的氧化还原稳定性以及固溶体与游离铁物种间的交互作用等,也缺乏系统的认识。

CeO_2 基固溶体可由多种方法制备,共沉淀法由于操作简单、易于扩大化且获得的材料较为均一而最为常用[41-44,49,50]。Fe^{3+} 在 CeO_2 中的固溶度受前驱体的焙烧条件影响很大,研究表明在大于 600 ℃ 的焙烧温度下,Fe^{3+} 在 CeO_2 晶格的摩尔掺杂量最多可达 30%[41],而氧空位的浓度在此掺杂区间内亦可完成其正交趋势的变化[34,41,50]。因此,本章选用铁摩尔含量在 30% 以内的铈基固溶体作为研究对象。

对于铈基复合氧化物,CeO_2 基固溶体、氧空位和表面 Fe_2O_3 是理解该材料结构与性能的重点,它们既联系紧密又相互独立,受热处理条件的影响都很大。本节将利用 XRD、TG-DSC、Raman、TEM 和 TPR 等技术研究 CeO_2 基固溶体的形成与热稳定性、氧空位形成因素以及表面 Fe_2O_3 与固溶体在氧化还原过程中的交互作用等关键问题。

3.1 CeO_2 基固溶体的形成

图 3-1 为铈基复合氧化物前驱体 110 ℃ 干燥后的 XRD 图谱。对于铈的氢氧化物,$Ce(OH)_3$ 由于极易被氧化只在惰性气氛下沉淀才出现[89],而 $Ce(OH)_4$ 是一种非常特殊的氢氧化物,其结构与 CeO_2 非常类似,所不同的是该分子中 Ce—Ce 和 Ce—O 键呈长程无序而中短程有序状态,因此被认为是介于晶体和无定形物之间的含水 CeO_2,分子式可表述为 $CeO_2 \cdot xH_2O$ [90]。图 3-1 亦证实了这一结论,纯 CeO_2 前驱体显示出与 CeO_2 萤石结构极其相似的衍射图谱[9],热重实验也证明该前驱体中有大量水存在。还需指出的是,该样品对应的 XRD 图谱的强度都非常弱且严重宽化,说明材料颗粒非常小,类似于无定形状态,显示出了其长程无序而中短程有序的特点。

值得注意的是,所有复合氧化物前驱体的衍射峰也都与 CeO_2 的类似,没有观察到铁氧化物或氢氧化物的出现。与纯 CeO_2 相比,随着 Fe 的添加,铈铁氧化物对应的衍射峰强度逐渐降低、峰型宽化且逐渐向高角度偏移。铈铁复合氧化物前驱体中没有观察到铁氢氧化物的存在,可能由两方面原因造成:一是生成氢氧化物的颗粒较小且为无定形状态,XRD 无法检测到;另一方面可能是 Fe^{3+} 进入 Fe_2O_3 晶格中,没有游离的铁物种存在,导致没有铁氢氧化物形成。图 3-1 中复合氧化物中 CeO_2 衍射峰的偏移已经证明了有铁物种进入到 $CeO_2 \cdot xH_2O$ 晶格中形成了 CeO_2 基固溶体[9,10],但是由于铁的掺杂量无法定量计算，这并不能说明全部 Fe^{3+} 都进入到了 CeO_2 晶格中，因此无定形的铁的氢氧化物也有可能存在。然而比较热重实验中（图 3-2），Fe^{3+} 的 CeO_2 与复合氧化物前驱体的失重量可知，复合氧化物前驱体的失重量仅略高于 CeO_2 样品（22% vs 20%），这说明由铁物种存在而引起的失重非常有限。也从侧面说明，前驱体中铁的氢氧化物含量非常低，大部分 Fe^{3+} 在沉淀阶段已经进入了 CeO_2 晶格中形成了 CeO_2 基固溶体。

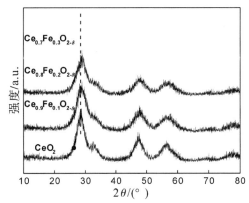

图 3-1　110 ℃干燥铈基复合氧化物前驱体的 XRD 图谱

这一结果表明，材料制备过程中，CeO_2 与 Fe^{3+} 在氨水共沉淀阶已有强烈的相互作用，当 Ce^{4+} 在溶液中与 OH^- 反应形成含 $CeO_2 \cdot xH_2O$ 时，Fe^{3+} 即可进入 CeO_2 晶格中形成 CeO_2 基固溶体。

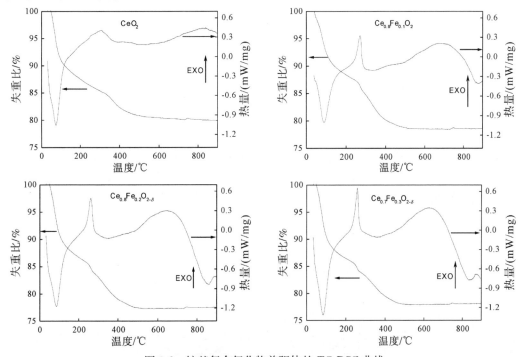

图 3-2　铈基复合氧化物前驱体的 TG-DSC 曲线

热重－差示量热分析（TG-DSC）是研究合成物质前驱体的一种常用手段，可以根据其温度变化时前驱体中的失重与热信息推断样品的热分解机理。图 3-2 是不同样品前驱体在空气气氛下的 TG-DSC 曲线。随着温度的升高，所有样品的失重都分为两个阶段：室温～110 ℃和110～500 ℃，500 ℃之后失重基本完成。第一阶段的失重约为12%，并伴随着强烈的吸热过程，应主要归因于 $CeO_2 \cdot xH_2O$ 中水合物的分解和蒸发[91]。第二阶段的失重量略小于第一阶段(10%左右)，并伴随强烈的放热过程，这部分失重应该对应于更为稳定的残余硝酸盐的分解、空气气氛下有机物的燃烧或可能存在的铈铁络合物向稳定晶型转变过程中的质量损失。

值得注意的是，500 ℃之后虽然没有失重现象，但是 DSC 曲线上却有一个明显的包峰，而且该峰的强度随铁含量增加明显增强。为了研究这一现象，我们在同样的气氛和条件下，控制 TG-DSC 实验程序升温至500 ℃后恒温1 h。结果在恒温阶段的 DSC 曲线上没有观察到任何峰(如图3-3所示)，说明该峰完全由温度继续升高造成。由于500 ℃之后没有失重现象，这一过程的热效应应该与材料的晶型转变或不同物种间的相互作用有关。不同焙烧温度铈铁复合氧化物的 XRD 图谱(图3-6和图3-7)表明，高温焙烧会导致部分进入 CeO_2 晶格的铁物种重新迁移出 CeO_2 体相，即铈铁固溶体在高温时容易分解为 Fe_2O_3 和 CeO_2 单一氧化物，这一过程所产生的热效应该对应于 DSC 曲线中500 ℃后的包峰。

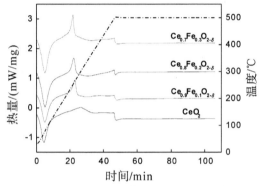

图 3-3　铈基复合氧化物前驱体空气气氛下的 TG-DSC 曲线

鉴于 TG 实验表明所有样品的前驱体在500 ℃已经完成分解，我们制备了在500 ℃焙烧1 h 的样品，其 XRD 图谱如图3-4所示。如图所示，500 ℃焙烧后各样品仍然只显示出 CeO_2 的晶相，观察不到铁氧化物的存在。与前驱体相比，CeO_2 的 XRD 衍射图明显尖锐化，表明样品结晶程度提高、晶粒长大。含铁样品的 XRD 图谱与 CeO_2 相比，强度明显较弱且宽化，表明铁的掺杂延缓了晶粒在热处理过程中的生长。

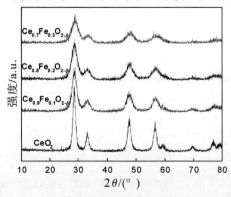

图 3-4　500 ℃焙烧的铈基复合氧化物的 XRD 图谱

　　HRTEM 图更直观地显示了前驱体晶粒在焙烧过程中的生长。如图 3-5 所示，$Ce_{0.8}Fe_{0.2}O_{2-\delta}$ 前驱体中所有颗粒都很小（2nm 左右）且非常均匀，类似于无定形状态。500 ℃ 焙烧后样品整体上呈蠕虫状，颗粒生长到 5nm 左右，通过高分辨透射电镜可观察到明显的 CeO_2 晶格，电子衍射也能显示出 CeO_2 晶格的衍射环，说明 500 ℃ 焙烧已经能够得到结晶较好的铈铁固溶体。

　　以上结果表明，Fe 掺杂的 CeO_2 基固溶体在混合溶液沉淀阶段就已经形成，但由于水合物和其他高温易分解物种的存在，需在 500 ℃ 以上的温度焙烧才能获得晶型较为完整和稳定的固溶体。

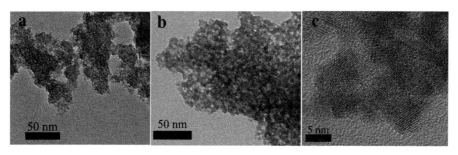

图 3-5　$Ce_{0.8}Fe_{0.2}O_{2-\delta}$ 前驱体(a)和 500 ℃ 焙烧样品(b 和 c)的 TEM 和 HRTEM 图

3.2　固溶体焙烧过程中的结构特点与热稳定性

　　铁掺杂的 CeO_2 基固溶体的结构与其热处理温度密切相关，因此获得不同铁含量的固溶体随焙烧温度的演变规律是理解该固溶体结构特点的关键。

3.2.1　结构演变

　　图 3-6 是 600 ℃ 焙烧的系列铈基复合氧化物的 XRD 图谱。如图所示，CeO_2 和所有铈铁样品均只显示出 CeO_2 萤石结构（Fm-$3m$）的典型衍射峰[92]，没有观察到 Fe_2O_3 的衍射峰。与纯 CeO_2 相比，铈铁复合氧化物对应的衍射峰强度明显降低、峰型明显宽化，且铁含量越多这一趋势越明显。一般来讲，XRD 图谱中衍射峰的弱化与宽化意味着样品微观颗粒半径的减小，这一推论与根据 XRD 计算所得的各样品中 CeO_2 晶粒大小一致。另一方面，随着 Fe_2O_3 的添加复合氧化物对应的衍射峰都往高角度偏移（图 3-8 中的插图给出了 CeO_2(111)晶面对应衍射峰的偏移），而且这一偏移的程度随铁含量的增加而增强。对于氧化铈基样品，CeO_2 对应衍射峰的偏移主要由离子掺杂引起的晶格畸变造成，当半径较小的离子进入 CeO_2 晶格时会引起晶胞收缩，在 XRD 图谱上表现为衍射峰向高角度偏移[9]。因此，图 3-6 中衍射峰的偏移证实半径较小的铁离子已经进入到 CeO_2 晶格中，形成了 CeO_2 基固溶体。固溶体的形成提高了材料的抗烧结能力，是铈铁样品中 CeO_2 晶粒较小的原因。

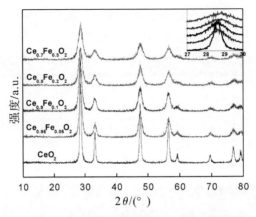

图 3-6　600 ℃焙烧的铈基复合氧化物的 XRD 图谱

　　图 3-7 为 800 ℃焙烧的系列铈基复合氧化物的 XRD 图谱。与 600 ℃焙烧的样品类似，尽管 800 ℃焙烧的样品仍主要显示出 CeO_2 萤石结构的典型衍射峰，但是衍射峰的强度明显增强且严重尖锐化，说明高温处理导致材料颗粒长大。还需指出的是，高温焙烧之后铈铁复合氧化物对应 CeO_2 衍射峰的偏移消失了（如图 3-7 中的插图所示），$Ce_{0.7}Fe_{0.3}O_{2-\delta}$ 样品上还观察到了 $\alpha\text{-}Fe_2O_3$ 的晶相。这说明高温焙烧导致原本在 CeO_2 晶格中的铁离子迁移出 CeO_2 形成了游离的 Fe_2O_3 颗粒，即高温焙烧导致固溶体分解。

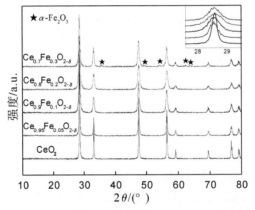

图 3-7　800 ℃焙烧的铈基复合氧化物的 XRD 图谱

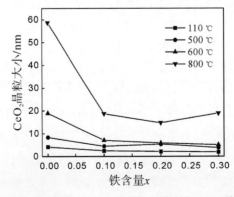

图 3-8　Fe 含量和焙烧温度对 $Ce_{1-x}Fe_xO_{2-\delta}$ 样品中 CeO_2 晶粒大小的影响

图 3-8 给出了不同焙烧温度（从 110 ℃ 干燥到 800 ℃ 焙烧）和铁含量对样品中 CeO_2 晶粒大小的影响。由图 3-8 可知，随着焙烧温度的升高，纯 CeO_2 晶粒快速长大，800 ℃ 焙烧后其晶粒半径由前驱体时的 5 nm 生长至 60 nm 左右。铁的掺杂使 CeO_2 晶粒在高温焙烧作用下的快速生长被有效抑制，800 ℃ 焙烧后铈铁复合氧化物对应的 CeO_2 晶粒半径仍维持在 20 nm 左右。这说明，Fe_2O_3 的添加可大大增强材料的抗烧结能力。需要指出的是，在同一焙烧温度条件下，Fe 的含量对 CeO_2 晶粒大小的影响并不十分明显。

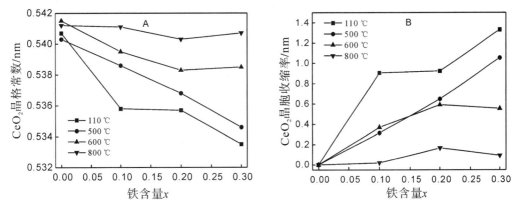

图 3-9　Fe 含量和焙烧温度对 $Ce_{1-x}Fe_xO_{2-\delta}$ 样品中晶格常数（A）和晶胞收缩率（B）的影响

不同样品中 CeO_2 晶格常数受焙烧温度和铁含量的影响非常明显（图 3-9A）。与纯 CeO_2 相比，铁的掺杂导致氧化铈的晶格常数明显降低，说明晶胞严重收缩。对于同一材料，焙烧温度越高 CeO_2 晶格常数越大，说明 CeO_2 晶胞收缩的程度随焙烧温度的升高而降低，焙烧温度亦影响纯 CeO_2 的晶胞参数。当焙烧温度超过 500 ℃ 时，其晶格常数与标准值（0.5411nm）接近，而前驱体和 500 ℃ 焙烧样品的晶格常数均低于标准值，这应该与不同焙烧温度时 CeO_2 的结晶度有关：一方面高温焙烧的 CeO_2 结晶度较高所以其对应晶格参数接近于标准值；另一方面，对于结晶度较低的样品，形成缺陷的可能性较大（Raman 检测也显示有缺陷形成），缺陷导致晶格畸变从而引起晶格常数变化。此外，由于结晶度较低样品的 XRD 图谱噪音较大，容易引起计算误差，可能导致晶胞参数的差异。为了修正可能的计算误差，我们计算了不同样品中 CeO_2 的晶胞收缩率（如图 3-9B 所示），即同一焙烧温度下含铁样品与 CeO_2 晶格常数的差值相对于 CeO_2 晶格常数的百分比。

由图 3-9B 所示，对于 110 ℃ 干燥的前驱体，铁的掺杂导致明显的晶胞收缩，而且这一收缩程度随铁含量的增加而增强。500 ℃ 焙烧的样品仍延续这一趋势，CeO_2 的晶胞收缩率随铁掺杂量的增加而线性增加。当焙烧温度升至 600 ℃ 时，CeO_2 的晶胞收缩率仍随铁含量的增加而增强，但是当摩尔含量增加至 20% 之后，继续增加铁含量则导致晶胞收缩率的明显降低，800 ℃ 时焙烧的样品亦出现类似的趋势。整体而言，对于所有铈铁样品，焙烧温度越高，样品对应 CeO_2 的晶胞收缩率越低。

CeO_2 的晶胞畸变主要由 Fe^{3+} 进入 CeO_2 晶格所致，由于 Fe^{3+} 离子半径较小，其在 CeO_2 晶格中的掺杂可以有两种形式：一种是以间隙的形式填充在 CeO_2 晶格中的空位，这将导致晶胞体积的膨胀；另一种是以置换的形式取代部分 Ce^{4+} 离子，这将导致 CeO_2 晶胞的收缩。因此，CeO_2 的晶胞收缩率一定程度上反映了固溶体中占据取代位 Fe^{3+} 的含量。前驱体中较高的晶胞收缩率表明，在沉淀过程中 Fe^{3+} 主要以取代形式进入 CeO_2 晶格形成固溶体。随着焙烧温度的升高 CeO_2 晶胞收缩率降低而又检测不到游离 Fe_2O_3 的存在，说明部分在取代位的 Fe^{3+} 转移进入间隙位抵消了部分晶胞收缩。同理，对于 600 ℃焙烧样品，当铁含量从 20％增加到 30％时，晶胞收缩率的降低应该是由新增间隙位 Fe^{3+} 造成。

上述现象说明，铈铁固溶体制备过程中，Fe^{3+} 在沉淀阶段便以置换方式取代 Ce^{4+} 形成取代固溶体；随着焙烧的进行，部分取代位的 Fe^{3+} 转移到间隙位形成取代与间隙固溶体共存的状态；继续升高焙烧温度，取代位的 Fe^{3+} 越来越少并且有部分 Fe^{3+} 迁移至 CeO_2 表面形成游离的 Fe_2O_3；当焙烧温度过高时，所有 Fe^{3+} 均迁移出 CeO_2 晶格形成 CeO_2 与 Fe_2O_3 的简单混合物。

3.2.2　氧空位的演变

XRD 技术对高分散和低浓度组分以及 Ce 基化合物中亚稳相的检测有一定局限性，而 Raman 光谱对 M-O 伸缩有较强的敏感性，能提供许多关于简正振动的对称性信息[93,94]，可反映 CeO_2 中的缺陷（如氧空位）信息。另外，与 XRD 技术相比，Raman 技术可获得更丰富的材料表面信息。

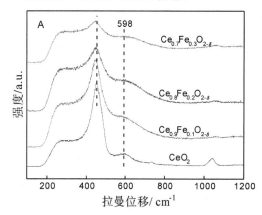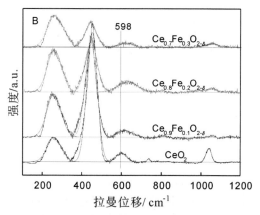

图 3-10　铈基复合氧化物前驱体的原始 Raman 图谱（A）和扣背底及拟合后图谱（B）

图 3-10A 给出了 110 ℃干燥的铈铁复合氧化物前驱体的 Raman 光谱图，为了对图谱进行定量分析，我们将所有 Raman 图谱进行了扣背底和拟合处理，结果如图 3-10B 所示。由图 3-10A 可知，CeO_2 在 456 cm^{-1} 和 1050 cm^{-1} 附近有两个明显的 Raman 峰。456 cm^{-1} 的 Raman 峰非常强，对应于 CeO_2 面心立方结构的 F_{2g} 活性模式的拉曼特征振动[95]，由阳离子周围氧离子的对称振动引起。1050 cm^{-1} 处的 Raman 峰较弱，应该归属为 A_{1g} 的对称振动以及 E_g 和 F_{2g} 振动综合的结果[96]。扣背底后（图 3-10B），在 255 cm^{-1} 和 598 cm^{-1} 附近还可以观察到另两个较为明显的 Raman 峰。文献中关于 255 cm^{-1} 峰的归属有一定争议，有报道认为其属于 CeO_2 的本征二度简并活性模式[96,97]，但也有研究者将其归结为材料晶格畸变造成伪立方相的出现[34]。在本试验中，随着焙烧温度的升高，CeO_2 对应 Raman 光谱图中此峰的强度逐渐减弱直至消失。考虑到焙烧温度较低时原子排列的无序性可能较大，极易引起晶格畸变或晶格缺陷，因此我们倾向于上述后者的解

释，将此峰归结为 CeO_2 的晶格畸变或缺陷的形成。关于 598 cm^{-1} 峰的归属，研究者的结论较为统一，大都认为其代表着 CeO_2 中氧空位（氧缺陷）的出现[34,35,41,44]。CeO_2 是非计量氧化物，纯 CeO_2 的 Raman 图谱中可观察到 598 cm^{-1} 峰的现象说明，在纯 CeO_2 沉淀物中存在着本征氧空位。1050 cm^{-1} 附近的拉曼峰也表明了 CeO_2 中缺陷的存在[98]。

随着 Fe_2O_3 的添加，F_{2g} 活性模式的 Raman 峰强度明显减弱，且往低波束偏移（红移）。F_{2g} 活性模式峰的减弱可能与样品中 CeO_2 含量的降低有关，而该峰的红移意味着材料微观结构的变化。萤石结构材料的 Raman 图谱受阴离子晶格震动的控制，而 $CeO_2 F_{2g}$ 活性模式峰的红移被证明与离子掺杂引起的晶胞收缩有关[9,99]。因此，这一现象表明在铈铁复合氧化物前驱体中，Fe^{3+} 进入到了 CeO_2 晶格中形成了铈铁固溶体，由于 Fe^{3+} 的离子半径小于 Ce^{4+}，引起了 CeO_2 的晶胞收缩。另外，铁的掺杂还影响到了 F_{2g} 活性模式峰的半高宽，铁含量越高该峰的半高宽越大。一般来讲，Raman 峰的半高宽与材料的粒子大小有关，半高宽越大意味着材料粒子越小。这说明铁的掺杂抑制了 CeO_2 颗粒的生长。这些现象与 XRD 的检测结果一致。另外，铁的掺杂也引起 598 cm^{-1} 对应氧空位峰的变化，特别是当铁含量为 20％时（$Ce_{0.8}Fe_{0.2}O_{2-\delta}$），该峰强度显著增强，表明氧空位浓度因铁的掺杂明显升高。此外，铁的添加还导致氧空位拉曼峰向大波束偏移，说明与纯 CeO_2 相比铈铁固溶体中的氧空位有所不同。Li 等[100]认为 CeO_2 基固溶体中的氧空位有两种，一种是 CeO_2 的本征氧空位，其对应的 Raman 峰波束在 570 cm^{-1} 左右；另一种是 MO_8 类型的超氧化物，出现在 600 cm^{-1} 附近。在本试验中，纯 CeO_2 中氧空位的峰出现在 598 cm^{-1} 附近，说明未焙烧前 Fe_2O_3 中也可能存在某种超氧化物，该峰随铁掺杂的偏移表明 Fe 的添加可能促进了该超氧化物的形成。

图 3-11A 为 500 ℃焙烧后不同样品的 Raman 图谱。与前驱体相比，500 ℃焙烧后 CeO_2 的主 Raman 峰明显尖锐化，但 255 cm^{-1} 和 598 cm^{-1} 附近的峰强显著降低。铈铁复合氧化物对应 Raman 图谱的变化趋势与 CeO_2 类似，但是变化的程度大大降低。Raman 峰型的尖锐化与材料颗粒生长有关也说明材料的原子排列更为有序，而 255 cm^{-1} 和 598 cm^{-1} 峰的减弱意味着 CeO_2 中的畸变和氧空位减少。这些现象表明，焙烧之后 CeO_2 晶粒快速生长，缺陷及空位由于原子排列更为有序而逐渐减少，而 Fe^{3+} 的存在可以延缓这些变化的发生。

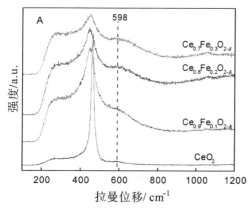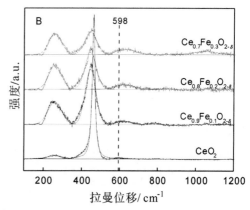

图 3-11　500 ℃焙烧铈基复合氧化物的原始 Raman 图谱（A）和扣背底及拟合后图谱（B）

600 ℃焙烧后纯 CeO_2 Raman 图谱的峰型更加尖锐，255 cm^{-1} 和 598 cm^{-1} 附近的峰彻底消失(图 3-12)，表明颗粒快速长大，材料中的畸变和空位完全消失。对于铈铁样品，598 cm^{-1} 峰的强度也大大削弱，但是 255 cm^{-1} 峰的强度却依然保持较高水平，特别是对于 $Ce_{0.9}Fe_{0.1}O_{2-\delta}$ 样品。这说明，较高的焙烧温度不利于氧空位的形成但是对材料的晶格畸变影响有限。

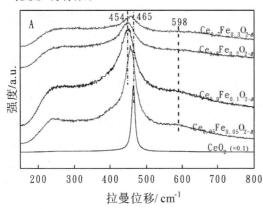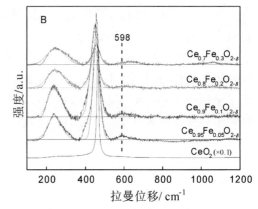

图 3-12　600 ℃焙烧铈基复合氧化物的原始 Raman 图谱(A)和扣背底及拟合后图谱(B)

图 3-13 给出了 800 ℃焙烧后不同样品的 Raman 图谱。与上述低温焙烧样品相比，800 ℃焙烧后所有样品对应的 Raman 图谱均严重尖锐化，特别是铈铁复合氧化物与600 ℃焙烧的样品相比其 Raman 峰的半高宽明显减小。铁含量对 Raman 峰的宽化程度影响更为明显，铁含量越高峰的半高宽越大。这说明，800 ℃焙烧造成 CeO_2 颗粒急剧长大，但对于铁含量较高的样品，增长速度有所放缓。另外，对于所有铈铁样品，800 ℃焙烧后，598 cm^{-1} 峰几乎消失，255 cm^{-1} 峰也大大减弱，说明高温焙烧已导致氧空位的缺失和畸变程度的降低。更重要的是，$Ce_{0.9}Fe_{0.1}O_{2-\delta}$ 样品上发现了 α-Fe_2O_3 的出现，而且 α-Fe_2O_3 对应的 Raman 峰随铁含量的增加而增强。这表明，高温焙烧导致原本在 CeO_2 晶格中的 Fe^{3+} 迁移至 CeO_2 表面形成了游离的 Fe_2O_3，这可能是高温焙烧导致铈铁样品 Raman 峰严重尖锐化的根本原因。这一现象与前文中 XRD 的检测结果相一致，表明铁掺杂的 CeO_2 基固溶体具有在高温焙烧时易分解的特点。

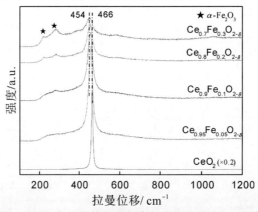

图 3-13　800 ℃焙烧铈基复合氧化物的 Raman 图谱

研究表明，CeO_2 F_{2g} 活性模式峰的红移与离子掺杂引起的晶格畸变有关[9,99]，而

Raman图谱中 598 cm^{-1}（O_v）与 F_{2g} 振动膜峰面积之比与氧空位的浓度有线性关系[34]。为了更深入的理解不同焙烧温度和不同铁含量对样品中氧空位浓度和晶格畸变程度的影响，我们计算了不同样品的红移程度和氧空位与 F_{2g} 峰面积比，如图 3-14 所示。图中 F_{2g} 振动膜峰的红移以 CeO_2 标准主峰波束 466 cm^{-1} 为准计算。

由图 3-14A 可知，110 ℃干燥的纯 CeO_2 前驱体对应 F_{2g} 振动膜的 Raman 峰有明显的红移，说明 CeO_2 前驱体中存在着本征畸变。焙烧之后，纯 CeO_2 对应的红移程度随焙烧温度逐渐降低，至 800 ℃彻底消失。这可能是由于焙烧导致了晶体内部原子排列更为有序从而使本征畸变逐渐消失。铁的掺杂使红移程度进一步提升，但是这一差异对于前驱体样品（110 ℃）并不十分明显，而且铁含量对红移几乎没有影响。这说明在铈铁样品前驱体中所形成的畸变主要是本征畸变，而由于铁掺杂而导致的掺杂畸变不占主流。但是这一特征随着焙烧的进行而完全改变：高温焙烧后铈铁样品对应 F_{2g} 振动膜的红移远远大于纯 CeO_2，说明此时铈铁样品中 CeO_2 的晶格畸变主要由铁的掺杂造成。值得注意的是，500 和 600 ℃焙烧的样品对应 F_{2g} 振动膜的红移程度随铁含量的增加逐渐增强，至 $Ce_{0.8}Fe_{0.2}O_{2-\delta}$ 时达到最大，然后降低。而 800 ℃焙烧后，其红移程度随铁含量增加单调增加，在研究的铁含量范围内没有降低趋势。这说明，当焙烧温度低于 600 ℃时，所有样品中的畸变程度随铁含量的增加出现一个拐点（即 $Ce_{0.8}Fe_{0.2}O_{2-\delta}$），而当焙烧温度升高时（800 ℃），铈铁样品的畸变程度随着铁含量单调增强。

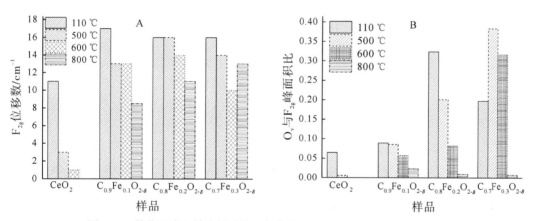

图 3-14　焙烧温度和铁含量对铈基复合氧化物 Raman 图谱中 F_{2g} 振动膜红移（A）和氧空位与 F_{2g} 峰面积比（B）的影响

如前所述，在前驱体中，铈铁样品的畸变有两种，即 CeO_2 的本征畸变和由于 Fe^{3+} 的添加而引起的掺杂畸变，铁含量越低本征畸变越占优势（这点可由 $Ce_{0.9}Fe_{0.1}O_{2-\delta}$ 前驱体对应的 F_{2g} 振动膜红移程度高于其他铈铁样品所证实）。焙烧之后，铈铁样品中的掺杂畸变占优势，焙烧温度越高这一优势越明显。由于 500 ℃或 600 ℃焙烧处于过渡阶段，铁含量的增加有利于掺杂畸变的形成但却抑制了本征畸变的产生，导致畸变量随铁含量的增加而出现拐点。800 ℃焙烧后，本征畸变由于原子的有序排列而无法存在，铈铁样品中所产生的畸变都由铁的掺杂造成，因此畸变程度随 Fe 掺杂量的增加而单调增强。

铈铁样品中的氧空位也有两种：本征氧空位和掺杂氧空位。图 3-14B 中纯氧化铈前驱体（110 ℃）对应的氧空位与 F_{2g}（O_v/F_{2g}）峰面积比非常明显，因为纯 CeO_2 无掺杂离子存在，该 O_v 峰的出现意味着纯氧化铈前驱体中含有本征氧空位，这应该由材料中本征畸变造成。高温焙烧后纯 CeO_2 对应的 O_v/F_{2g} 峰面积比逐渐降低至基线水平，说明本征氧空位无法在高温焙烧条件下存在。铁的掺杂使 O_v/F_{2g} 峰面积比有所提高，但不同焙烧条件下铁含量对 O_v/F_{2g} 峰面积比的影响有明显不同。对于 110 ℃ 干燥的前驱体，$Ce_{0.8}Fe_{0.2}O_{2-\delta}$ 对应的 O_v/F_{2g} 峰面积比最大，表明氧空位浓度最高。而对于 500 ℃ 和 600 ℃ 焙烧的样品，O_v/F_{2g} 峰面积比随铁含量的增加而单调增加，说明氧空位浓度完全由 Fe^{3+} 掺杂量决定。而对于 800 ℃ 焙烧的铈铁样品，$Ce_{0.9}Fe_{0.1}O_{2-\delta}$ 对应的 O_v/F_{2g} 峰面积比最大，增加铁的添加量会导致 O_v/F_{2g} 峰面积比的明显降低，这表明焙烧温度较高时，过高的铁含量不利于氧空位的形成。Pandey 等[101]认为这主要是由于 Ce^{4+}、Fe^{3+} 在价态上的差异所致，因为这一价态差异 Fe^{3+} 取代 Ce^{4+} 形成时诱导产生的氧空位非常不稳定，高温时易消失。

然而本书研究还发现焙烧温度对不同样品中氧空位浓度的影响也不同。对于纯 CeO_2、$Ce_{0.9}Fe_{0.1}O_{2-\delta}$ 和 $Ce_{0.8}Fe_{0.2}O_{2-\delta}$，较高的焙烧温度使样品对应的 O_v/F_{2g} 峰面积比明显降低，特别是 $Ce_{0.8}Fe_{0.2}O_{2-\delta}$ 样品，降低趋势非常明显，焙烧温度上升至 800 ℃ 时氧空位几乎消失。而对于 $Ce_{0.7}Fe_{0.3}O_{2-\delta}$ 样品，500 ℃ 时 O_v/F_{2g} 峰面积比达到最高，至 600 ℃ 时略有降低，而继续升高焙烧温度（800 ℃）造成 O_v/F_{2g} 峰面积比接近于零。这说明 $Ce_{0.7}Fe_{0.3}O_{2-\delta}$ 中的氧空位浓度在 500 ℃ 焙烧条件下达到最高，而在 800 ℃ 焙烧后氧空位几乎消失。对比同一焙烧温度下的样品，未焙烧时（前驱体）$Ce_{0.9}Fe_{0.1}O_{2-\delta}$ 显出最高的氧空位浓度（O_v/F_{2g} 峰面积比），500 ℃ 和 600 ℃ 焙烧后均是 $Ce_{0.7}Fe_{0.3}O_{2-\delta}$ 具有最高的氧空位浓度，而 800 ℃ 焙烧后，$Ce_{0.9}Fe_{0.1}O_{2-\delta}$ 再度显示出最高的氧空位浓度。

经前文分析可知，Fe^{3+} 掺杂进入 CeO_2 晶格中有两种形式：取代和间隙。单一的取代固溶体和间隙固溶体中都会由于电荷平衡而形成氧空位，但二者共存时，间隙 Fe^{3+} 能够补偿 Fe^{3+} 取代 Ce^{4+} 时造成的价态变化从而抑制氧空位的形成，当取代 Fe^{3+} 数量与间隙 Fe^{3+} 数量的比值为 3∶1 时则不产生氧空位而达到电荷平衡。XRD 分析表明，110 ℃ 干燥前驱体和 500 ℃、600 ℃ 焙烧样品中取代铁离子占主要地位，因此形成了较为丰富的氧空位。图 3-14B 中，110 ℃ 干燥的 $Ce_{0.9}Fe_{0.1}O_{2-\delta}$ 和 $Ce_{0.8}Fe_{0.2}O_{2-\delta}$ 中氧空位浓度都较高，500 ℃ 及 600 ℃ 焙烧之后氧空位浓度急剧降低。因为这些样品中没有发现游离 Fe_2O_3 的存在，我们推测焙烧使部分取代位的 Fe^{3+} 转移进入间隙位，抑制了氧空位的形成。有意思的是，$Ce_{0.7}Fe_{0.3}O_{2-\delta}$ 样品中氧空位浓度随焙烧温度的变化趋势完全不同：在前驱体中其氧空位浓度较低，但 500 ℃ 焙烧后其浓度迅速升高，而 600 ℃ 焙烧后又有所下降。造成这一现象的原因可能是，当铁含量较多时，部分 Fe^{3+} 在沉淀过程中先进入 CeO_2 晶格中的间隙，500 ℃ 焙烧提供的能量使部分间隙位的 Fe^{3+} 可取代 Ce^{4+} 成为取代 Fe^{3+}，导致氧空位浓度的升高，而当焙烧温度升至 600 ℃ 时，由于热力学原因，部分取代位 Fe^{3+} 又重新进入到间隙位，导致氧空位浓度降低。对 800 ℃ 焙烧的所有样品，由于固溶体中部分 Fe^{3+} 迁移至 CeO_2 表面形成游离 Fe_2O_3，从而使材料中氧空位浓度急剧降低。

综上所述，Fe^{3+} 在沉淀阶段已经进入 CeO_2 晶格中且主要占据取代位，形成较为丰富的氧空位。但是当铁含量较高时，会有一部分 Fe^{3+} 占据间隙位。更重要的是，铈铁取代固溶体非常不稳定，600 ℃ 焙烧之后部分取代位的 Fe^{3+} 会迁移至间隙位，与剩余取代 Fe^{3+} 一起导致氧空位浓度严重降低。800 ℃ 焙烧后，部分 Fe^{3+} 从 CeO_2 晶格中析出形成

游离 Fe_2O_3，铁含量越高越不利于固溶体和氧空位的形成。所有铈铁样品中，只有 $Ce_{0.9}Fe_{0.1}O_{2-\delta}$ 在 800 ℃焙烧后仍能保持一定的氧空位浓度。

3.2.3　织构性能的演变

N_2 吸附－脱附是表征材料孔结构的重要手段。实验过程中，对于介孔材料，由于毛细管凝聚作用使 N_2 分子在低于常压下冷凝填充了介孔孔道，又由于开始发生毛细凝结时是在孔壁上的环状吸附膜液面上进行，而脱附是从孔口的球形弯月液面开始，从而导致吸脱附等温线不相重合，往往会形成一个滞后环。

图 3-15 给出了 600 ℃焙烧样品的 N_2 吸附－脱附等温线和 BJH 孔径分布。如图 3-15A，所有样品的 N_2 吸附－脱附等温线均为 IV 型，在较低的相对压力下发生的吸附主要是单分子层吸附，然后是多分子层吸附，直到压力足以发生毛细管凝聚，吸附等温线上表现为一个突越，材料的孔径越大，毛细管凝聚发生的压力越高。纯 CeO_2 对应的 N_2 吸附－脱附等温线上的滞后环较不明显，说明其只具有少量的孔结构，添加铁离子形成固溶体后，滞后环非常明显，表明在相同的制备条件下，铈铁固溶体更易形成孔结构。随着铁含量的增加，滞后环对应的相对压力（p/p_0）略微升高，表明孔径略微增大，图 3-15B 也证实了这一推论。

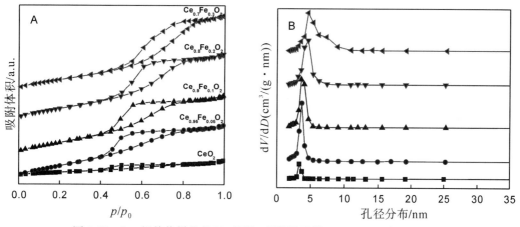

图 3-15　600 ℃焙烧样品的 N_2 吸附－脱附等温线（A）和 BJH 孔径分布（B）

值得注意的是，$Ce_{0.95}Fe_{0.05}O_{2-\delta}$、$Ce_{0.9}Fe_{0.1}O_{2-\delta}$ 和 $Ce_{0.8}Fe_{0.2}O_{2-\delta}$ 样品对应的滞后环为 H2 型，而 $Ce_{0.7}Fe_{0.3}O_{2-\delta}$ 样品的滞后环更倾向于 H1 型。H1 是均匀孔模型，而 H2 一般认为是多孔吸附质或均匀粒子堆积孔造成的。这说明，在 $Ce_{0.95}Fe_{0.05}O_{2-\delta}$、$Ce_{0.9}Fe_{0.1}O_{2-\delta}$ 和 $Ce_{0.8}Fe_{0.2}O_{2-\delta}$ 样品中，其所产生的孔结构可能为颗粒间的堆积孔，继续增加 Fe 含量时，孔径趋于均匀。图 3-15B 给出的孔径分布图表明，所有样品对应的孔径大部分分散在 3～9 nm 范围内。

800 ℃焙烧后，纯 CeO_2 对应 N_2 吸附－脱附等温线的滞后环变得非常不明显且往相对压力高的方向移动，如图 3-16A 所示。该滞后环的特征可归属为 H3 型，由粒子堆积形成的狭缝孔造成。这说明高位焙烧使 CeO_2 颗粒长大并团聚，破坏了其孔道结构。对于铈铁复合氧化物，随着铁含量的增加，这一状况有所改善，$Ce_{0.7}Fe_{0.3}O_{2-\delta}$ 样品上可观察到明显的滞后环，表明高温焙烧后其仍保留了部分孔道结构。图 3-16B 显示，800 ℃焙烧后，多数样品的孔径分布变得极不均匀，可能是由材料烧结导致孔径消失造成，只有 $Ce_{0.7}Fe_{0.3}O_{2-\delta}$ 样品上的孔径分布显示了孔结构的存在。

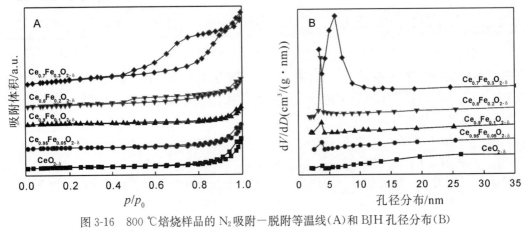

图 3-16　800 ℃焙烧样品的 N_2 吸附－脱附等温线（A）和 BJH 孔径分布（B）

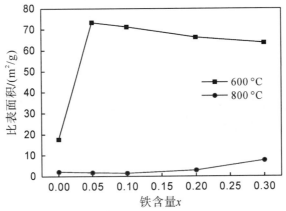

图 3-17　铁含量对 600 ℃和 800 ℃焙烧样品比表面积的影响

图 3-17 为铁含量对不同焙烧温度下样品比表面积的影响。600 ℃焙烧时，纯 CeO_2 的比表面积为 17.7 m^2/g，但是微量 CeO_2 的添加（$Ce_{0.95}Fe_{0.05}O_{2-\delta}$）可使比表面积增至 70 m^2/g以上，继续增加 Fe 的含量，材料的比表面积会略微下降，但依然高于 60 m^2/g。这说明，铁的添加可大大提高材料的比表面积。800 ℃焙烧后，所有样品的比表面积都急剧下降，尽管随着铁含量的增加，材料的比表面积略微升高，但是即便对于 $Ce_{0.7}Fe_{0.3}O_{2-\delta}$ 样品，其比表面积依然小于 10 m^2/g。而这应该与材料在焙烧过程中孔结构消失有关。

3.3　结构与还原/储氧性能的相关性

3.3.1　铁含量对还原性能的影响

图 3-18 显示了 600 ℃焙烧氧化铈和铈铁样品的 H_2-TPR 图谱，为了鉴别铈铁复合氧化物对应各还原峰的归属，图中还给出了相同条件下制备的纯 Fe_2O_3 的 TPR 图谱。如图

3-18 所示，纯 CeO_2 在 520 ℃和超过 800 ℃时有两个还原峰，分别代表着 CeO_2 的表面氧和体相氧的消耗[102]。纯 Fe_2O_3 的 H_2-TPR 图谱显示氧化铁的还原为典型的阶梯式还原过程，440 ℃、700℃和 800 ℃显示的三个峰分别代表着 $Fe_2O_3 \rightarrow Fe_3O_4 \rightarrow FeO \rightarrow Fe$ 的还原[103]。

　　与 CeO_2 和 Fe_2O_3 相比，由于铈铁间在还原过程中的相互作用，铈铁复合氧化物的 TPR 图谱更为复杂：每个样品都显示有五个还原峰，随着还原温度的升高分别为 O_a、O_I、O_{II}、O_{III} 和 O_{IV}。O_a 是一个非常微弱的肩峰，出现在 290 ℃附近，应该归属为吸附氧的消耗，可能由铈铁样品较大的比表面积造成。O_I 是一个非常明显的尖高峰，其峰型与纯 Fe_2O_3 的低温还原峰非常相似，因为 600 ℃焙烧的所有样品上均观察不到游离氧化铁的存在，其应该归属于铈铁固溶体中 Fe^{3+} 的还原。需要指出的是，O_I 的峰温较纯 Fe_2O_3 的低温还原峰(440 ℃)降低了超过 50 ℃，表明铈铁固溶体的 Fe^{3+} 较游离 Fe_2O_3 更易被还原。O_{II} 则可以看做是一个非常微弱的"拖尾峰"，其还原温度对应于纯 CeO_2 的表面还原峰，并随着铁含量的增加而略微降低，我们将该峰归结为固溶体中 Ce^{4+} 的还原。O_{III} 是一个具有宽广温域的"馒头峰"，铁含量越高其峰温和峰型与纯 Fe_2O_3 的中温还原峰(700 ℃)越一致，该峰应该对应于固溶体中铁离子的进一步还原。而 O_{IV} 与纯 CeO_2 的高温还原峰非常吻合，说明其应该归属为铈铁固溶体中体相铈离子的深度还原。

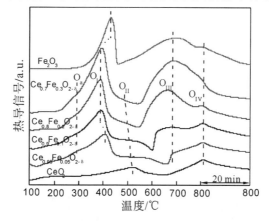

图 3-18　600 ℃焙烧样品的 H2-TPR 图谱

　　800 ℃焙烧后，CeO_2 H_2-TPR 图谱上的低温还原峰消失，仅可观察到高温还原峰(图 3-19A)，说明高温焙烧使 CeO_2 的表面活性氧消失，这可能由材料严重烧结造成。对于 $Ce_{0.95}Fe_{0.05}O_{2-\delta}$ 样品，材料比表面积的降低也导致低温还原峰明显减弱并向高温移动，而高温还原峰略微增强。对于其他铈铁样品，800 ℃焙烧后除 O_a 消失外，O_I 和 O_{II} 的峰型和峰温也有明显改变，而且这一改变随铁含量的不同存在明显差异。由于 O_I 和 O_{II} 分别归结于固溶体中铁和铈氧化物的表面还原，因此，其峰型的改变意味着铈铁氧化物相互作用的演变。

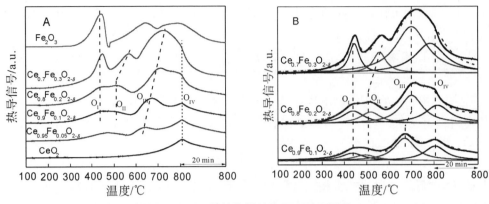

图 3-19　800 ℃焙烧样品的 H2-TPR 图谱

图 3-7 中 XRD 分析表明，800 ℃焙烧导致 $Ce_{0.7}Fe_{0.3}O_{2-\delta}$ 样品上出现游离 Fe_2O_3 颗粒，而其他铈铁样品却检测不到。然而，图 3-13 中的 Raman 光谱却显示出不同的现象：$Ce_{0.9}Fe_{0.1}O_{2-\delta}$、$Ce_{0.8}Fe_{0.2}O_{2-\delta}$ 和 $Ce_{0.7}Fe_{0.3}O_{2-\delta}$ 上均能观察到 α-Fe_2O_3 相的出现。XRD 对具有无定形结构(或颗粒较小)的材料非常不敏感，而 Raman 对该类材料具有相对较高的灵敏度。根据 XRD 和 Raman 的结果可以推测，$Ce_{0.9}Fe_{0.1}O_{2-\delta}$ 和 $Ce_{0.8}Fe_{0.2}O_{2-\delta}$ 表面存在无定形的 α-Fe_2O_3。高分辨透射电镜更直观地印证了这一推测，如图 3-20 所示，$Ce_{0.8}Fe_{0.2}O_{2-\delta}$ 上除了明显的 CeO_2 晶格外，还能观察到一些无定形相(红色箭头处)，这些无定形物应该是表面小颗粒的 Fe_2O_3。而 $Ce_{0.7}Fe_{0.3}O_{2-\delta}$ 上各晶粒都有明显的晶界，Fe_2O_3 晶粒夹杂在 CeO_2 晶粒间(图 3-20f)，没有无定形相出现。为了更好地分析铁物种对铈铁材料还原过程的影响，并对各峰的耗氢量进行定量分析，我们利用洛伦兹方程对 $Ce_{0.9}Fe_{0.1}O_{2-\delta}$、$Ce_{0.8}Fe_{0.2}O_{2-\delta}$ 和 $Ce_{0.7}Fe_{0.3}O_{2-\delta}$ 进行了分峰拟合(图 3-19B)。三样品 TPR 图谱中各峰的峰温和耗氢量在表 3-1 中示出。

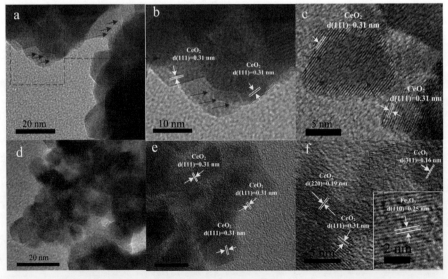

图 3-20　800 ℃焙烧 $Ce_{0.8}Fe_{0.2}O_{2-\delta}$(a、b 和 c)和 $Ce_{0.7}Fe_{0.3}O_{2-\delta}$(d、e 和 f)样品的高分辨 TEM 图

表 3-1　800 ℃ 焙烧样品 H2-TPR 试验中不同峰对应峰温和 H$_2$ 消耗量

样品	消耗量/ (mmol/g)				峰温/ ℃			
	O$_I$	O$_{II}$	O$_{III}$	O$_{IV}$	O$_I$	O$_{II}$	O$_{III}$	O$_{IV}$
Ce$_{0.9}$Fe$_{0.1}$O$_{2-\delta}$	0.24	0.18	0.69	0.45	443	495	660	800
Ce$_{0.8}$Fe$_{0.2}$O$_{2-\delta}$	0.38	0.33	0.87	0.59	441	503	700	800
Ce$_{0.7}$Fe$_{0.3}$O$_{2-\delta}$	0.31	0.27	1.36	0.72	451	561	698	800

如图 3-19B 所示，Ce$_{0.9}$Fe$_{0.1}$O$_{2-\delta}$和 Ce$_{0.8}$Fe$_{0.2}$O$_{2-\delta}$对应的 O$_I$ 和 O$_{II}$ 峰存在严重重叠，表明铈铁氧化物间有着强烈的相互作用。当铁含量继续增加时（Ce$_{0.7}$Fe$_{0.3}$O$_{2-\delta}$）O$_I$ 和 O$_{II}$ 劈裂为两个尖高峰，而且两峰都往高温偏移，说明铈铁间的交互作用减弱导致材料还原性降低。因为 Ce$_{0.9}$Fe$_{0.1}$O$_{2-\delta}$和 Ce$_{0.8}$Fe$_{0.2}$O$_{2-\delta}$上存在无定形的 Fe$_2$O$_3$，而 Ce$_{0.7}$Fe$_{0.3}$O$_{2-\delta}$上为结晶良好的 Fe$_2$O$_3$颗粒，可以认为表面无定形的 Fe$_2$O$_3$更有利于铈铁的相互作用从而提高材料的还原能力。还需指出的是，与 Ce$_{0.95}$Fe$_{0.05}$O$_{2-\delta}$相比，Ce$_{0.9}$Fe$_{0.1}$O$_{2-\delta}$和 Ce$_{0.8}$Fe$_{0.2}$O$_{2-\delta}$对应的 O$_I$ 峰温更低。因为 Ce$_{0.95}$Fe$_{0.05}$O$_{2-\delta}$中无游离 Fe$_2$O$_3$存在，其 O$_I$ 峰归属为固溶体中 Fe^{3+} 的还原，而 Ce$_{0.9}$Fe$_{0.1}$O$_{2-\delta}$和 Ce$_{0.8}$Fe$_{0.2}$O$_{2-\delta}$中既含有固溶体 Fe^{3+} 又有无定形游离 Fe$_2$O$_3$，其 O$_I$ 峰温较低表明无定形 Fe$_2$O$_3$与固溶体 Fe^{3+} 相比更易在低温被还原。与 600 ℃ 焙烧样品相比，Ce$_{0.9}$Fe$_{0.1}$O$_{2-\delta}$和 Ce$_{0.8}$Fe$_{0.2}$O$_{2-\delta}$在 800 ℃ 焙烧后 O$_{II}$ 峰明显增强，说明 Ce^{4+} 的表面还原能力增强，这也应该与无定形 Fe$_2$O$_3$的出现有关。

上述现象说明，铈铁复合氧化物上无定形 Fe$_2$O$_3$的存在不仅有利于 Fe^{3+} 的还原，而且还可促进 Ce^{4+} 的还原，使铈铁材料在较低比表面积时拥有较高的低温还原能力。

3.3.2　铁含量对储氧性能的影响

图 3-21 给出了 600 和 800 ℃ 焙烧样品的 O$_2$-TPD 图谱。600 ℃ 焙烧后（图 3-21A），纯 CeO$_2$ 在 150～300 ℃ 温度范围内有一个包峰，应该是吸附氧在低温下的脱附过程。添加 Fe$_2$O$_3$后，材料的 O$_2$-TPD 图谱中的峰强度明显增强，说明铁的添加使材料拥有更多的可在惰性气氛下释放的氧物种。对于所有铈铁样品，其 O$_2$-TPD 图谱自 200 ℃ 开始有一个大的包峰一直持续到 800 ℃，说明铈铁复合氧化物上的表面氧、体相氧和其他氧物种在惰性气氛下的释放没有明确的界限，而是自 200 ℃ 开始随温度升高连续释放。值得注意的是，铁含量对铈铁样品的 O$_2$-TPD 图谱影响不大，表明 TPD 过程中所释放的氧应该均来自 CeO$_2$，铁氧化物中的氧在惰性气氛下不活泼。

800 ℃ 焙烧后（图 3-21B），纯 CeO$_2$ 在低温的 TPD 峰消失，而在 450 ℃ 之后有一个微弱的氧释放过程逐渐出现。这应该与材料比表面积较小有关，低比表面材料上几乎无吸附氧存在，而深层氧或晶格氧的脱附需在较低温度下进行。Ce$_{0.9}$Fe$_{0.1}$O$_{2-\delta}$和 Ce$_{0.8}$Fe$_{0.2}$O$_{2-\delta}$对应的 O$_2$-TPD 图谱与纯 CeO$_2$ 的类似，也由其较低的比表面积造成。XRD（图 3-7）和 Raman（图 3-13）显示，尽管经历了严重的烧结，铈铁固溶体和氧空位依然存在于 Ce$_{0.9}$Fe$_{0.1}$O$_{2-\delta}$和 Ce$_{0.8}$Fe$_{0.2}$O$_{2-\delta}$样品中，但是其 O$_2$-TPD 图谱与纯 CeO$_2$ 一致的现象表明固溶体的形成并不能促进 CeO$_2$ 中氧在惰性气氛下的释放。对于 Ce$_{0.7}$Fe$_{0.3}$O$_{2-\delta}$样品，其 O$_2$-TPD 图谱与 600 ℃ 焙烧的样品类似，氧释放过程自低温开始随温度升高持续进行，这应该与其比表面积较高有关（如图 3-17）。

　　上述现象说明，铈铁样品中活性氧物（在惰性气氛下可脱附的氧）含量与其比表面积密切相关，而与铈铁固溶体和氧空位的形成及浓度关系不大。

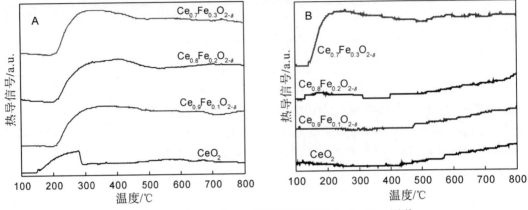

图 3-21　600 ℃（A）和 800 ℃（B）焙烧样品的 O_2-TPD 图谱

　　本书还研究了铈铁复合氧化物的储氧能力。图 3-22 为 600 ℃焙烧样品 TPR 测试后的恒温脉冲氧实验，储氧能力由计算该过程消耗的氧获得。不同样品的储氧值如图 3-23 所示。如图 3-22，对于 600 ℃焙烧的样品，与纯 CeO_2 相比，铈铁样品重新氧化所需的脉冲次数明显增加，而且铁含量越多脉冲次数越多，说明耗氧量增加。800 ℃焙烧的样品与此类似，图 3-23 所示的储氧量即证实了这一点，纯 CeO_2 的储氧量为 0.31 mmol/g，至 $Ce_{0.7}Fe_{0.3}O_{2-\delta}$ 时增至 1.24 mmol/g。与 600 ℃焙烧的样品相比，800 ℃焙烧后 CeO_2 的储氧量略微降低，而所有铈铁样品的储氧量均明显提高。这说明尽管铈铁复合氧化物在高温焙烧后严重烧结，但是其储氧能力却明显增强。

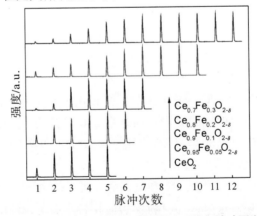

图 3-22　600 ℃焙烧样品 TPR 测试后的氧脉冲图谱

　　为了详细研究 800 ℃焙烧铈铁复合氧化物的再氧化过程，本书计算了不同脉冲次数对应材料的氧补充率，如图 3-24 所示。CeO_2 和 $Ce_{0.95}Fe_{0.05}O_{2-\delta}$ 样品对应的氧补充率随脉冲次数线性升至 100%，意味着再氧化过程非常迅速。而对于 $Ce_{0.9}Fe_{0.1}O_{2-\delta}$、$Ce_{0.8}Fe_{0.2}O_{2-\delta}$ 和 $Ce_{0.7}Fe_{0.3}O_{2-\delta}$ 样品，其氧补充率随脉冲次数线性升至 80%，然后氧化过程严重变缓。一般认为，当氧化物被深度还原后，其再氧化过程中氧会首先吸附至活性位然后再迁移至体相。温度较高时，氧的迁移非常迅速，导致材料的体相氧优先于表面氧而首先恢复。在这种情况下，上述现象表明，还原后的铈铁样品的体相氧的补充非常迅速而表面氧的再生非常缓慢，这可能与表面 Fe_2O_3 物种的存在有关。

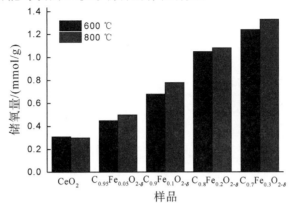

图 3-23 600 ℃和 800 ℃焙烧样品的储氧性能（OSC）

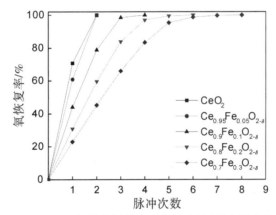

图 3-24 800 ℃焙烧样品在氧脉冲过程中的氧补充率

3.3.3 铁物种在还原过程中的作用

不同铁含量样品的 H_2-TPR 研究表明，Fe^{3+} 掺杂形成固溶体和表面氧物种的存在都可改变铈铁材料的还原性能。为了更好地理解不同铁物种在铈铁复合氧化物还原过程中的作用，我们比较了物理混合铈铁复合氧化物和不同焙烧条件下共沉淀法制备的 $Ce_{0.8}Fe_{0.2}O_{2-\delta}$，并研究了其还原性能。

1. 结构表征

图 3-25 为不同温度（600 ℃、800 ℃和 1000 ℃）焙烧的 $Ce_{0.8}Fe_{0.2}O_{2-\delta}$ 样品及物理混合 CeO_2 与 Fe_2O_3（Ce∶Fe＝4∶1）样品的 XRD 图谱。依据 XRD 数据计算得到的样品微观参数（晶格常数和晶粒大小）和比表面积在表 3-2 中列出。

$Ce_{0.8}Fe_{0.2}O_{2-\delta}$－600 样品完全显示为 CeO_2 萤石结构，没有观察到铁氧化物的晶相，其对应 CeO_2 的晶格常数也小于纯 CeO_2，意味着严重的晶胞收缩，证明 Fe^{3+} 进入到 CeO_2 晶格中形成了氧化铈基固溶体。800 ℃焙烧后，氧化铈衍射峰明显尖锐化且往低 2θ

角度偏移，同时也检测到非常微弱 α-Fe_2O_3 的峰，表明高温焙烧不仅使 CeO_2 颗粒长大而且导致固溶体中部分 Fe^{3+} 迁移至 CeO_2 表面形成游离的 CeO_2。由于 α-Fe_2O_3 的峰非常微弱且宽化，根据 XRD 数据无法准确计算其晶粒大小，表明该样品上的 Fe_2O_3 颗粒非常小，类似于无定形状态。当焙烧温度升至 1000 ℃，CeO_2 的衍射峰已经变得非常尖锐且进一步往低 2θ 角度偏移，而 Fe_2O_3 的衍射峰则变得非明显，说明 CeO_2 和 Fe_2O_3 颗粒由于高温焙烧都快速长大，这一点可由图 3-2 给出的数据所证实。从图 3-2 还可以看出，1000 ℃焙烧后，样品对应 CeO_2 的晶格常数更加接近于纯 CeO_2，说明该焙烧温度下样品中的铈铁固溶体含量已经很低，也就是说高温焙烧容易导致大部分 Fe_2O_3 从铈铁固溶中分离形成 CeO_2 与 Fe_2O_3 的混合相。

上述现象说明，$Ce_{0.8}Fe_{0.2}O_{2-\delta}$-600 为纯铈铁固溶体，$Ce_{0.8}Fe_{0.2}O_{2-\delta}$-800 为无定形 Fe_2O_3 颗粒与铈铁固溶体共存状态，而 $Ce_{0.8}Fe_{0.2}O_{2-\delta}$-1000 为少量铈铁固溶体与较大游离 Fe_2O_3 颗粒的混合物。对于物理混合样品，其 XRD 图谱显示出明显的 CeO_2 与 Fe_2O_3 的混合相，且 CeO_2 的晶格常数以及 CeO_2 与 Fe_2O_3 的晶粒大小均与 800 ℃焙烧的纯 CeO_2 与 Fe_2O_3 一致，表明该样品为单纯的 CeO_2 与 Fe_2O_3 的混合物。铈铁氧化物不同的存在状态有助于我们理解不同物种在复合材料还原过程中的作用。

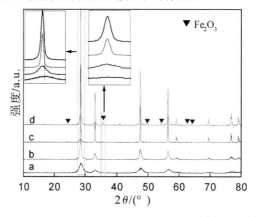

图 3-25　$Ce_{0.8}Fe_{0.2}O_{2-\delta}$-600(a)；$Ce_{0.8}Fe_{0.2}O_{2-\delta}$-800(b)；$Ce_{0.8}Fe_{0.2}O_{2-\delta}$-1000 (c)和物理混合 $Ce_{0.8}Fe_{0.2}O_{2-\delta}$ 样品(d)的 XRD 图谱

表 3-2　不同样品的结构特征与储氧能力

样品	晶相	晶粒大小/nm		晶格常数 CeO_2/nm	比表面积 /m²/g	储氧量 /(mmol/g)
		CeO_2	Fe_2O_3			
CeO_2-600	立方	17.6	—	0.5415	17.7	0.32
CeO_2-800	立方	51.3	—	0.5412	2.2	0.30
Fe_2O_3-600	六方	—	46.4	—	-8.3	0.76
Fe_2O_3-800	六方	—	53.6	—	2.7	0.81
$Ce_{0.8}Fe_{0.2}O_{2-\delta}$-600	固溶体	5.9	—	0.5383	66.2	1.02
$Ce_{0.8}Fe_{0.2}O_{2-\delta}$-800	固溶体＋α-Fe_2O_3	14.7	—	0.5407	2.9	1.08
$Ce_{0.8}Fe_{0.2}O_{2-\delta}$-1000	固溶体＋α-Fe_2O_3	65.4	35.7	0.5410	1.8	1.0
physical mixture	CeO_2＋α-Fe_2O_3	51.3	52.1	0.5412	2.5	0.80

Raman 表征不仅能验证 XRD 的检测结果，还能给出材料上更为丰富的表面信息。如图 3-26 所示，所有样品的 Raman 光谱图都在 460 cm^{-1} 显示一个主峰，对应萤石结构材料的 F_{2g} Raman 模式。除此之外，$Ce_{0.8}Fe_{0.2}O_{2-\delta}$-600 样品在 598 cm^{-1} 附近还能观察到一个微弱的峰，一般认为是氧空位的 Raman 活性模式[34,41,50]。而 $Ce_{0.8}Fe_{0.2}O_{2-\delta}$-800 和 $Ce_{0.8}Fe_{0.2}O_{2-\delta}$-1000 样品在 225 cm^{-1}、290 cm^{-1}、405 cm^{-1} 和 600 cm^{-1} 可以观察到对应于 α-Fe_2O_3 的 Raman 峰，几乎没有氧空位的峰。还需指出的是，对于共沉淀法制备的样品，其 F_{2g} 模式峰随着焙烧温度的提高半高宽变小且往高频率波段偏移（蓝移）。如前文有关 Raman 分析中所述，CeO_2 F_{2g} 模式峰的半高宽与其颗粒大小关系密切，半高宽变小意味着晶粒长大。而 CeO_2 F_{2g} 模式峰的移动与材料的晶格畸变有关，红移意味着晶胞收缩，蓝移代表晶格膨胀[33,41]。与低温焙烧样品相比，高温焙烧后 F_{2g} 模式峰的蓝移表明由 Fe^{3+} 掺杂导致的 CeO_2 晶胞收缩程度变小，说明掺杂量降低。这与 $Ce_{0.8}Fe_{0.2}O_{2-\delta}$-800 和 $Ce_{0.8}Fe_{0.2}O_{2-\delta}$-1000 样品上观察到 α-Fe_2O_3 的现象一致：高温焙烧导致部分铈铁固溶体中的 Fe^{3+} 迁移至 CeO_2 表面形成了游离的 Fe_2O_3，即固溶体含量降低。

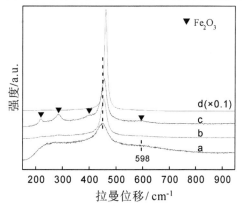

图 3-26　$Ce_{0.8}Fe_{0.2}O_{2-\delta}$-600（a）；$Ce_{0.8}Fe_{0.2}O_{2-\delta}$-800（b）；$Ce_{0.8}Fe_{0.2}O_{2-\delta}$-1000（c）和
物理混合 $Ce_{0.8}Fe_{0.2}O_{2-\delta}$ 样品（d）的 Raman 图谱

有趣的是，尽管 $Ce_{0.8}Fe_{0.2}O_{2-\delta}$-1000 与物理混合样品的 XRD 图谱非常相似，但是其 Raman 光谱图却有很大不同。$Ce_{0.8}Fe_{0.2}O_{2-\delta}$-1000 的 Raman 图谱上可以观察到明显的 α-Fe_2O_3 相，但物理混合样品却只显示 CeO_2 的 F_{2g} 模式峰。这表明物理混合样品颗粒表面不存在 Fe_2O_3 颗粒。由于 XRD 检测已证明物理混合样品中 CeO_2 和 Fe_2O_3 为简单混合相存在，这一现象的合理解释是：由于 CeO_2 含量较多，研磨使 CeO_2 将 Fe_2O_3 颗粒包裹，从而导致 Raman 技术检测不到 α-Fe_2O_3 的存在。

2. 还原性质

图 3-27 为不同条件下制备样品的 H_2-TPR 图谱。CeO_2-600 样品在 500 ℃ 和超过 800 ℃ 有两个还原峰，应该分别归属于其表面与体相氧的消耗[104]。Fe_2O_3-600 在 440 ℃、700 ℃ 和 800 ℃ 有三个还原峰，对应于 Fe_2O_3 经 Fe_3O_4 和 FeO 向 Fe 的分步还原过程[103]。铈铁氧化物重叠的还原过程使复合氧化物的还原更为复杂。如前文 3.3.1 节 TPR 分析中所述，$Ce_{0.8}Fe_{0.2}O_{2-\delta}$-600 的 TPR 图谱可被拟合为五个峰（$O_a$、$O_I$、$O_{II}$、$O_{III}$ 和 O_{IV}）。

O_a 为吸附氧的消耗过程，O_I 可归结为固溶体中 Fe^{3+} 的还原，O_{II} 与固溶体中浅层 Ce^{4+} 的还原有关，O_{III} 和 O_{IV} 分别归属为 Fe^{3+} 的深度还原和深层 Ce^{4+} 的还原。O_I 和 O_{II} 峰结合紧密说明铈铁间有非常强烈的交互作用。

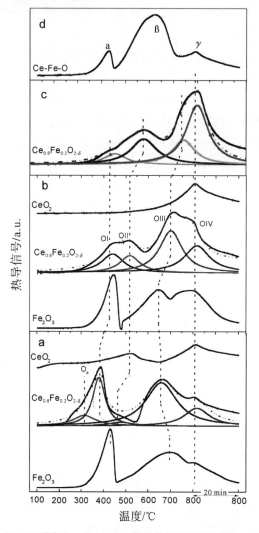

图 3-27　CeO_2、Fe_2O_3 和不同 $Ce_{0.8}Fe_{0.2}O_{2-\delta}$ 样品的 H_2-TPR 图谱：(a) 600℃ 焙烧样品；
(b) 800℃ 焙烧样品；(c) $Ce_{0.8}Fe_{0.2}O_{2-\delta}$-1000 和 (d) 物理混合 $Ce_{0.8}Fe_{0.2}O_{2-\delta}$

　　800 ℃ 焙烧后，CeO_2 的 TPR 图谱只有高温还原峰，意味着低温还原能力消失，这应该是由材料严重烧结造成[105]。Fe_2O_3-800 仍显出三个还原峰（O_I、O_{III} 和 O_{IV}），峰型与 Fe_2O_3-600 的类似，但在峰温和各峰的相对比例方面则有所不同：800 ℃ 焙烧导致 O_I 峰向高温偏移以及 O_{III}/O_{IV} 的峰面积比降低。高温焙烧也使 $Ce_{0.8}Fe_{0.2}O_{2-\delta}$ 的还原行为大大改变：与 600 ℃ 焙烧样品相比，800 ℃ 焙烧后，对应于吸附氧的 O_a 峰消失，而 O_I-O_{II} 和 O_{III}-O_{IV} 这两对联系紧密的"对峰"相互间的结合更为紧密。由于 O_I 和 O_{II} 分别归属为复合氧化物中 Fe^{3+} 的初步还原和浅层 Ce^{4+} 的还原，而 O_{III} 和 O_{IV} 分别对应于 Fe^{3+} 的深度还原和深层 Ce^{4+} 的还原，这说明高温焙烧后铈铁间在还原过程中的交互作用更强了。

当焙烧温度升至 1000 ℃时（$Ce_{0.8}Fe_{0.2}O_{2-\delta}$-1000），$Ce_{0.8}Fe_{0.2}O_{2-\delta}$ 的还原能力被严重削弱：O_I 峰的强度大大降低，O_{II} 和 O_{III} 峰都向高温偏移。结合 XRD 与 Raman 的检测结果，铈铁复合氧化物还原能力的减弱一方面与材料的严重烧结有关，另一方面应该与 1000 ℃高温焙烧导致大量 Fe^{3+} 从铈铁固溶体中析出形成游离 Fe_2O_3 颗粒有关。这说明大颗粒 Fe_2O_3 的形成对铈铁复合氧物的还原性能不利。

物理混合样品的还原行为与共沉淀法制备的样品完全不同，其 TPR 图谱中只有三个还原峰（α、β 和 γ）。这与文献[78]中报道的 $Fe_2O_3/Ce_{0.5}Zr_{0.5}O_2$ 的还原过程非常相似，该复合氧化物中 Fe_2O_3 并未进入到 $Ce_{0.5}Zr_{0.5}O_2$ 载体中而是与其以简单混合形式共存。根据他们的讨论，α 和 β 峰归属为 Fe_2O_3 的分步还原，而 γ 峰为铈锆固溶体中 CeO_2 的还原。因为样品的比表面较低，CeO_2 在低温没有还原峰。这一现象说明在物理混合样品的还原过程中，CeO_2 和 Fe_2O_3 的还原为独立的过程，铈铁氧化物间没有形成有效的交互作用促进二者的还原性能。

对比共沉淀样品和物理混合样品的还原过程，可以加深对还原过程中铈铁相互作用的理解。XRD 与 Raman 检测表明，简单混合样品中没有形成铈铁固溶体，而且 Fe_2O_3 离子被 CeO_2 粉体包裹导致材料表面没有 Fe_2O_3 颗粒。与此相反，对于 800 ℃焙烧的共沉淀样品（物理混合样品亦为 800 ℃焙烧），其结构为少量固溶体和表面氧化铁颗粒共存的状态。鉴于共沉淀样品在还原过程中铈铁间明显的相互作用，我们可以推断铈铁固溶体的形成和表面 Fe_2O_3 小颗粒与 CeO_2 紧密接触形成的界面层是铈铁氧化物间相互作用的两种表现形式。表面铁与 CeO_2 形成的界面层主要涉及材料的表面性质，而固溶体的形成影响到材料的体相结构，由此可见，在还原过程中，固溶体主要促进体相氧的释放，而铈铁界面则为浅层氧的溢出提供路径。

上述结果证明，对于铈铁复合氧化物，不仅固溶体的形成能够影响其还原性能，表面 Fe_2O_3 的晶粒大小亦决定着其还原能力的优劣。纳米 Fe_2O_3 颗粒与 CeO_2 紧密接触形成的铈铁界面层很可能是还原过程中与 H_2 反应的活性位。正因如此，当游离的 Fe_2O_3 纳米颗粒与铈铁固溶体共存时，即便铈铁复合氧化物的比表面积非常低，依然具有较高的还原性能。

3.3.4 氧化还原（redox）稳定性

催化剂的氧化还原（redox）稳定性在催化氧化及汽车尾气催化等实际应用领域有着非常重要的作用。在该部分我们用两种方法研究材料的 redox 性能：一方面是 TPR/TPO 动态循环，即材料 TPR 实验结束后降至室温，然后在 O_2 气氛下程序升温至 800 ℃；另一方面 TPR/OSC 循环，即 TPR 实验结束后，降温至 600 ℃，氩气吹扫后脉冲 O_2 直至将还原的材料完全氧化，该再氧化为静态过程。动态与静态研究手段的结合可更全面地获得铈铁复合氧化物的 redox 性质。

1. TPR/TPO 循环

图 3-28 给出了 TPR/TPO 循环实验中 800 ℃焙烧的 $Ce_{0.9}Fe_{0.1}O_{2-\delta}$、$Ce_{0.8}Fe_{0.2}O_{2-\delta}$ 和 $Ce_{0.7}Fe_{0.3}O_{2-\delta}$ 样品不同循环次数对应的 TPR 图谱。图中循环 1 为样品经第一次 TPR/TPO 循环后的 TPR 图谱，循环 2 和循环 3 依次类推。

如图 3-28 所示，与新鲜样品相比，redox 循环后所有铈铁的还原行为（TPR 图谱）均有明显变化，而且该变化与样品中的 Fe 含量密切相关。对于 $Ce_{0.9}Fe_{0.1}O_{2-\delta}$，其新鲜样品对应的 TPR 图谱（图 3-27）含有四个还原峰（O_I、O_{II}、O_{III} 和 O_{IV}），第一次 redox 循环后（循环 1），其低温还原峰（O_I 和 O_{II}）的强度明显降低，而且在远低于 O_{III} 的温度范围内（600 ℃附近）出现了一个新的主还原峰，我们将其命名为 O_N。增加循环次数引起的 TPR 图谱变化不大。这一现象说明 redox 使材料的表面还原能力降低而增强了其在中温阶段的体相还原能力。$Ce_{0.8}Fe_{0.2}O_{2-\delta}$ 在循环后的 TPR 图谱与 $Ce_{0.9}Fe_{0.1}O_{2-\delta}$ 的类似，仅有的不同是 $Ce_{0.8}Fe_{0.2}O_{2-\delta}$ 对应 O_N 峰的峰温略高于 $Ce_{0.9}Fe_{0.1}O_{2-\delta}$ 样品。

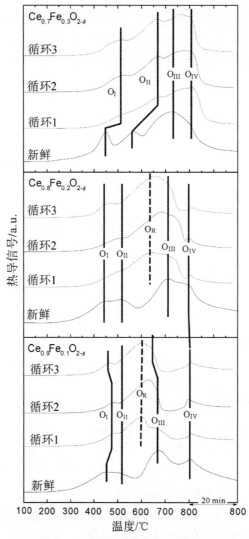

图 3-28　TPR/TPO 循环实验中 $Ce_{0.9}Fe_{0.1}O_{2-\delta}$；$Ce_{0.8}Fe_{0.2}O_{2-\delta}$ 和 $Ce_{0.7}Fe_{0.3}O_{2-\delta}$ 样品
不同循环次数对应的 TPR 图谱

$Ce_{0.7}Fe_{0.3}O_{2-\delta}$ 在 redox 循环之后对应的 TPR 图谱与其他两个铈铁样品差异较大，仍表现出四个还原峰（O_I、O_{II}、O_{III} 和 O_{IV}），但没有观察到新峰（O_N）的出现。与新鲜样品相比，O_I 和 O_{II} 峰明显向高温偏移，而 O_{III} 和 O_{IV} 峰大大增强。这一现象说明，redox 实

验使 $Ce_{0.7}Fe_{0.3}O_{2-\delta}$ 的低温还原能力几乎消失，中温（600 ℃左右）还原能力也较弱，而只能在高温才能表现出一定的还原性。

一般而言，CeO_2 基材料的还原能力与材料的制备条件、比表面积和材料本征性质及存在状态关系密切[105]。由于本实验所有样品的制备方法均相同，且 redox 循环后材料的比表面积均小于 2 m^2/g，图 3-28 中不同样品对应的不同的还原行为应该与铈铁样品中铁的存在状态有关。而铁物种的存在状态可由 XRD 及 Raman 检测得到，该部分相关内容将在后文中讨论。

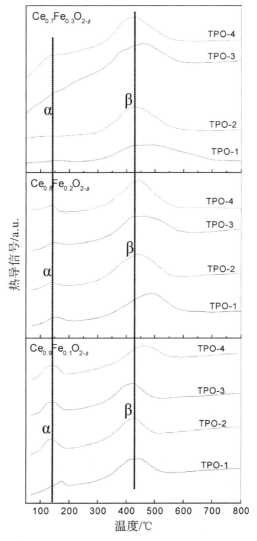

图 3-29　TPR/TPO 循环实验中 $Ce_{0.9}Fe_{0.1}O_{2-\delta}$；$Ce_{0.8}Fe_{0.2}O_{2-\delta}$ 和 $Ce_{0.7}Fe_{0.3}O_{2-\delta}$ 样品
不同循环次数对应的 TPO 图谱

图 3-29 为 TPR/TPO 循环实验中 $Ce_{0.9}Fe_{0.1}O_{2-\delta}$、$Ce_{0.8}Fe_{0.2}O_{2-\delta}$ 和 $Ce_{0.7}Fe_{0.3}O_{2-\delta}$ 样品不同循环次数对应的 TPO 图谱。由图可知，材料在经历 TPR 测试后，其在氧气气氛中的再氧化自室温已经开始，随着温度的升高，出现两个较为明显的氧化消耗峰（α 和 β 分别在 145 ℃和 430 ℃附近）。

一般来讲，还原的铈氧化物（CeO_{2-x}）上有丰富的氧空位，由于氧空位非常活泼，其氧化可发生在室温，然而也有报道证实室温条件下被深度还原的 CeO_{2-x} 不能被完全氧化[106]。深度还原的 CeO_2 和 Ce-Zr-O 固溶体在氧化过程发生在室温至 200 ℃[105,107]。另外，CeO_{2-x} 的再氧化过程伴随着氧离子晶格的重排及相关结构改变，这也要求 CeO_2 基材料在还原后的氧化过程需要在较高温度下进行[108]。由于铈基材料中的氧空位对气态氧有极强的吸附能力，当还原的铈铁样品再氧化时，气态氧应该先吸附于氧空位上，随着温度升高，吸附氧迁移至体相补充铁氧化物还原过程中失去的晶格氧。基于以上分析，α和 β 应该分别归属为铈和铁物种的再氧化过程。也正因此，α 的峰面积随 Fe 含量的增加而降低，而 β 峰面积的变化与此相反。

值得注意的是，对于 $Ce_{0.9}Fe_{0.1}O_{2-\delta}$ 样品的 TPO 图谱，随着循环的进行，特别是自第二次 redox 循环开始（TPO-2），α 峰明显增强且往低温偏移，意味着铈物种的氧化再生需要消耗更多的氧。这一现象表明，redox 循环可以通过促进 $Ce_{0.9}Fe_{0.1}O_{2-\delta}$ 样品中 CeO_2 的还原度，从而提高其储氧能力。另外，对于所有样品，β 峰的峰面积都远远大于 α 峰，这说明对于铈铁复合氧化物，其储氧能力主要由铁氧化物贡献。

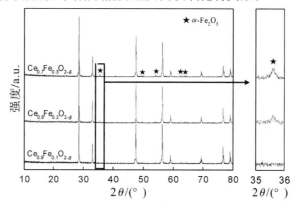

图 3-30　TPR/TPO 循环后 $Ce_{0.9}Fe_{0.1}O_{2-\delta}$；$Ce_{0.8}Fe_{0.2}O_{2-\delta}$ 和 $Ce_{0.7}Fe_{0.3}O_{2-\delta}$ 样品的 XRD 图谱

为了研究 redox 循环实验对材料的结构和 Fe_2O_3 状态的影响，我们对循环后的样品进行了 XRD 和 Raman 分析。图 3-30 为循环后样品的 XRD 图谱。Redox 连续循环后，$Ce_{0.9}Fe_{0.1}O_{2-\delta}$ 依然只显示萤石结构 CeO_2 的衍射图谱，没有观察到铁氧化物的存在，但是 CeO_2 的衍射峰明显尖锐化，表明材料烧结严重。与 $Ce_{0.9}Fe_{0.1}O_{2-\delta}$ 不同，$Ce_{0.8}Fe_{0.2}O_{2-\delta}$ 样品上可观察到明显的 α-Fe_2O_3 相。这与新鲜 $Ce_{0.8}Fe_{0.2}O_{2-\delta}$ 样品不同，新鲜样品上 α-Fe_2O_3 的衍射峰非常不明显，这意味着其以无定形状态存在。这一现象表明 redox 循环使 $Ce_{0.8}Fe_{0.2}O_{2-\delta}$ 表面的无定形 Fe_2O_3 形成 Fe_2O_3 晶粒。$Ce_{0.7}Fe_{0.3}O_{2-\delta}$ 样品的 XRD 图谱与 $Ce_{0.8}Fe_{0.2}O_{2-\delta}$ 的类似，所不同的是 $Ce_{0.7}Fe_{0.3}O_{2-\delta}$ 样品对应的 α-Fe_2O_3 相衍射峰较强且尖锐，表明 $Ce_{0.7}Fe_{0.3}O_{2-\delta}$ 样品上的 Fe_2O_3 颗粒较大。

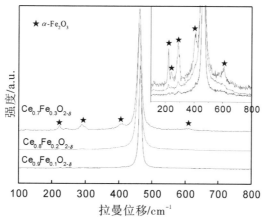

图 3-31　TPR/TPO 循环后 $Ce_{0.9}Fe_{0.1}O_{2-\delta}$；$Ce_{0.8}Fe_{0.2}O_{2-\delta}$ 和 $Ce_{0.7}Fe_{0.3}O_{2-\delta}$ 样品的 Raman 光谱图

Raman 光谱分析对表面 Fe_2O_3 的状态更为敏感。如图 3-31 所示，除 CeO_2 的 F_{2g} 模式外，$Ce_{0.9}Fe_{0.1}O_{2-\delta}$ 样品上能观察到明显的 α-Fe_2O_3 的 Raman 振动模式。这与 XRD 的发现不同，如图 3-30 中所观察到的，$Ce_{0.9}Fe_{0.1}O_{2-\delta}$ 对应的衍射峰上观察不到 α-Fe_2O_3 的出现。这说明，redox 循环导致 $Ce_{0.9}Fe_{0.1}O_{2-\delta}$ 样品上出现了无定形的 Fe_2O_3 颗粒。随着 Fe 含量的增加，α-Fe_2O_3 的 Raman 峰有所增强，特别是对于 $Ce_{0.7}Fe_{0.3}O_{2-\delta}$ 样品，α-Fe_2O_3 的 Raman 峰非常强。还需指出的是，$Ce_{0.7}Fe_{0.3}O_{2-\delta}$ 样品的 Raman 光谱图上在 240 cm^{-1} 附近有一个明显的峰，该峰只有在结晶非常完整、颗粒较大的 Fe_2O_3 材料的 Raman 光谱上才能出现。这一现象说明 $Ce_{0.7}Fe_{0.3}O_{2-\delta}$ 样品上的 Fe_2O_3 颗粒非常大。这与 XRD 的检测结果一致，铁含量的增加会导致表面 Fe_2O_3 颗粒的长大。同时，分析结果显示，随着铁含量的增加，CeO_2 的 F_{2g} 震动模式往低波束偏移，意味着铁含量较多的样品中含有较丰富的固溶体。

对于 CeO_2 基材料，其 redox 循环造成的材料结构演变与其还原性能相互关联[105,107]。如图 3-28 所示，redox 循环使 $Ce_{0.9}Fe_{0.1}O_{2-\delta}$ 和 $Ce_{0.8}Fe_{0.2}O_{2-\delta}$ 的低温及高温还原能力降低，而在中温阶段（600 ℃）出现了一个新的主峰（O_N），与此不同，$Ce_{0.7}Fe_{0.3}O_{2-\delta}$ 样品在循环后，中、低温还原能力均减弱而高温还原能力增强。对于 M^{3+} 掺杂的 CeO_2 基材料，高温 redox 循环导致低温还原峰消失是一个常见的现象[108,109]。基于 Ce-Lu 复合氧化物的 redox 循环性能，Mista 等[108]认为低温的表面还原是动力学控制过程，较高的表面还原性能意味着较为丰富的表面活性氧；高温还原为体相还原过程，还原性质由体相结构决定；而中温还原为亚表面还原过程，一般与不同相形成的不均匀层（界面）有关。据此分析，redox 循环之后低温还原能力的减弱可以归结为材料表面结构的演变（如 Fe_2O_3 颗粒长大或氧空位的消失），中温还原峰（O_N）的出现应该归因为铈铁无定形或纳米 Fe_2O_3 颗粒与 CeO_2 形成的铈铁界面的生长。还需指出的是，O_N 的峰温与表面 Fe_2O_3 的颗粒大小密切相关，Fe_2O_3 颗粒自 $Ce_{0.9}Fe_{0.1}O_{2-\delta}$ 至 $Ce_{0.8}Fe_{0.2}O_{2-\delta}$ 逐渐长大时，O_N 的峰温也随之升高。当 Fe_2O_3 颗粒继续增大时，O_N 峰消失。这一现象说明，表面 Fe_2O_3 颗粒越小对铈铁材料的中温还原越有利。

还需强调，尽管 Raman 分析表明，与 $Ce_{0.9}Fe_{0.1}O_{2-\delta}$ 相比，$Ce_{0.8}Fe_{0.2}O_{2-\delta}$ 和 $Ce_{0.7}Fe_{0.3}O_{2-\delta}$ 中有更丰富的氧空位，但是却未能因此使该材料具有更强的中低温还原能

力。这说明当铈铁复合氧化物的比表面积很低时，与铈铁固溶体相比，表面纳米级的氧化铁更能提高材料的中低温还原能力。

据以上分析可知，TPR/TPO redox 循环会导致铈铁复合氧化物低温还原能力的严重削弱，但是表面纳米 Fe_2O_3 颗粒的存在使其在中温阶段有较强的还原能力，表面 Fe_2O_3 与 CeO_2 间形成的铈铁界面在比表面积较小的铈铁氧化物的还原过程中扮演着最重要的角色。铈铁复合氧化物的上述特征，在 TPR/OSC redox 循环实验中也有表现。

2. TPR/OSC 循环

图 3-32 给出了 $Ce_{0.8}Fe_{0.2}O_{2-\delta}$-800 样品在 TPR/OSC redox 循环中的还原性能，为了更深地理解不同铁物种的作用及铈铁间的交互作用，图中同时给出了纯 CeO_2 和物理混合样品的 redox 性质作为比较。

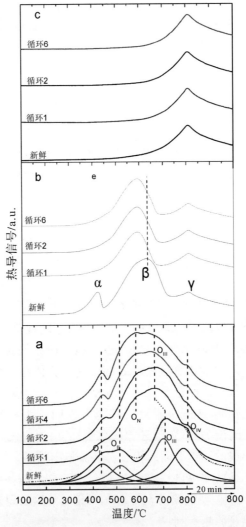

图 3-32　TPR/OSC 循环实验中 $Ce_{0.8}Fe_{0.2}O_{2-\delta}$-800(a)；Ce/Fe (4/1)物理混合样品(b)和 CeO_2-800(c)不同循环次数对应的 TPR 图谱

如图 3-32c 所示，CeO_2-800 只在高温有还原峰，而 redox 循环对其还原性能几乎没有影响。

$Ce_{0.8}Fe_{0.2}O_{2-\delta}$-800 的 TPR 图谱随 redox 循环的变化（图 3-32a）与图 3-28 中的类似：redox 循环使其低温还原能力降低而中温还原能力增强，具体表现为，O_I 峰明显减弱，O_{III} 峰向低温偏移，在 550～600 ℃ 范围内出现了一个新的还原峰（O_N）。继续增加循环次数时，O_I 峰慢慢尖锐化，O_{III} 峰逐渐削弱，而 O_N 峰缓慢增强，进一步强化了中温还原能力。最终循环后的 $Ce_{0.8}Fe_{0.2}O_{2-\delta}$-800 样品的五个还原峰分别稳定在 438 ℃、520 ℃、600 ℃、660 ℃ 和 800 ℃。相对于 $Ce_{0.8}Fe_{0.2}O_{2-\delta}$-800 样品，简单混合样品的 TPR 图谱（图 3-32b）在 redox 循环过程中的演变要简单得多：redox 循环后低温还原峰（α）完全消失，而 β 峰缓慢向低温偏移。说明对于铈铁简单混合样品，redox 循环依然导致其低温还原能力丧失，而中温还原能力增强。

在储氧性能方面，CeO_2-800 的储氧值在 redox 循环过程中没有变化，而铈铁样品（包括 $Ce_{0.8}Fe_{0.2}O_{2-\delta}$-800 和铈铁混合样品）的储氧值随 redox 循环的进行有所增强。表 3-3 所示，六次 redox 混合后，$Ce_{0.8}Fe_{0.2}O_{2-\delta}$-800 和铈铁混合样品的储氧值分别提高了 21.3% 和 12.5%。这些现象表明不管是共沉淀法制备的样品还是简单混合样品，redox 循环都会使铈铁氧化物间的交互作用增强。

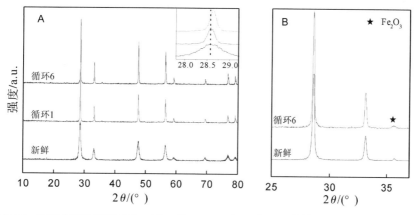

图 3-33　TPR/OSC 循环对 $Ce_{0.8}Fe_{0.2}O_{2-\delta}$-800（A）和物理混合样品（B）XRD 图谱的影响

本书同样利用 XRD 和 Raman 技术研究了 redox 循环后样品的结构特征。图 3-33 为新鲜的 $Ce_{0.8}Fe_{0.2}O_{2-\delta}$-800 和物理混合样品与 redox 循环后样品的 XRD 对比图，由 XRD 数据得到的晶粒大小和晶格半径等微观数据在表 3-3 中列出。由图可知，redox 循环后两个样品的衍射峰均严重尖锐化，说明材料遭受了严重的烧结。有趣的是，$Ce_{0.8}Fe_{0.2}O_{2-\delta}$-800 的 XRD 图谱对应 CeO_2 的衍射峰在 redox 循环后向高角度偏移（见图 3-33A 中的插图），CeO_2 的晶格常数在六次循环后也由 0.5407 nm 降到 0.5390 nm，说明 redox 循环使更多的 Fe^{3+} 进入到了 CeO_2 晶格中形成了固溶体。而简单混合样品在经历 redox 循环后，并未有观察到此现象。但是需要指出的是，redox 循环使简单混合样品 XRD 上 Fe_2O_3 的衍射峰明显宽化，说明 Fe_2O_3 颗粒在循环后有所减小。

表 3.3　TPR/OSC 循环对 $Ce_{0.8}Fe_{0.2}O_{2-\delta}$-800、物理混合样品和 CeO_2-800 微观结构及储氧能力的影响

样品	TPR/OSC 循环次数	CeO_2 晶粒大小 /nm	CeO_2 晶格常数 /nm	储氧量 /(mmol/g)
	0	51.3	0.5412	0.30
CeO_2-800	1	53.7	0.5411	0.30
	6	62.9	0.5411	0.30
	0	14.7	0.5407	1.08
$Ce_{0.8}Fe_{0.2}O_{2-\delta}$-800	1	53.1	0.5404	1.24
	6	69.0	0.5390	1.31
Ce/Fe	0	51.3	0.5412	0.80
物理混合样品	6	71.4	0.5413	0.92

Raman 表征进一步证实了 XRD 的检测结果。如图 3-34 所示，随着 redox 循环的进行 $Ce_{0.8}Fe_{0.2}O_{2-\delta}$-800 Raman 光谱图中 CeO_2F_{2g} 模式峰（457 cm^{-1} 附近）发生了明显的红移，表明 CeO_2 晶格畸变更加严重，应该是由 Fe 的掺杂形成固溶体造成。另外值得注意的是，当第一次循环进行后，$Ce_{0.8}Fe_{0.2}O_{2-\delta}$-800 Raman 光谱图中 Fe_2O_3 的 Raman 峰明显增强，而当循环进行到第六次时，Fe_2O_3 的 Raman 峰又变得非常弱。从表面上来看，这一现象说明在循环初期 $Ce_{0.8}Fe_{0.2}O_{2-\delta}$-800 上的表面 Fe_2O_3 颗粒逐渐长大，但长时间的连续循环又导致 Fe_2O_3 颗粒变小。但事实上却并非如此简单，长时间循环还导致表面 Fe_2O_3 与 CeO_2 基体间发了更为深刻的变化，这部分将在下文中结合 TEM 技术进行讨论。与 $Ce_{0.8}Fe_{0.2}O_{2-\delta}$-800 相反，简单混合样品的 Raman 光谱图在 redox 循环之后也观察不到铁氧化物的存在，如前文所述，这主要是物理混合过程中 CeO_2 粉体将 Fe_2O_3 颗粒包裹所致，而 redox 循环也没有打破这种包裹。另外，循环后简单混合样品上对应 CeO_2 的 Raman 峰出现了蓝移，目前尚不清楚出现蓝移的原因。

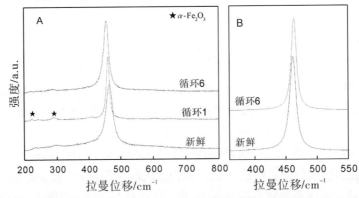

图 3-34　TPR/OSC 循环对 $Ce_{0.8}Fe_{0.2}O_{2-\delta}$-800（A）和物理混合样品（B）Raman 光谱图的影响

TEM 技术（图 3-35）直观地验证了 XRD 和 Raman 的发现。如图 3-35A 中箭头所示，在新鲜的 $Ce_{0.8}Fe_{0.2}O_{2-\delta}$-800 样品上可观察到明显的无定形相存在，应该是前文推测的材料表面存在的无定形 Fe_2O_3。第一次循环之后，$Ce_{0.8}Fe_{0.2}O_{2-\delta}$-800 样品上可观察到结晶较好、粒径在 10 nm 左右的 Fe_2O_3 颗粒（如图 3-35B 中箭头所示），同时还出现了一些小的空洞(如图 3-35B 中圆圈所示)。当循环进行了六次之后,表面 Fe_2O_3 的粒径增至 50 nm 左右(如图 3-35C 中箭头所示),有趣的是,Fe_2O_3 颗粒的大部分嵌入到了 CeO_2 基体中。这意味着在 CeO_2 和 Fe_2O_3 间形成了一个铈铁交互存在的区域,由于前文研究已证实,铈铁的界面层在其还原过程中起着至关重要的作用,这一交互区域的形成必将影响材料的还原性能。另外,这一现象也可解释图 3-34 中,Raman 光谱中 Fe_2O_3 的峰自第一次循环至第六次循环强度减弱的现象:由于 Raman 光谱只能分析表面物种,Fe_2O_3 颗粒进入到 CeO_2 体相中必然导致 Raman 光谱中 Fe_2O_3 峰的减弱。还需指出的是,在第一次循环中已经观察到的空洞,在进行到第六次循环后直径已增至 20 nm 左右(如图 3-35C 中虚线框所示)。

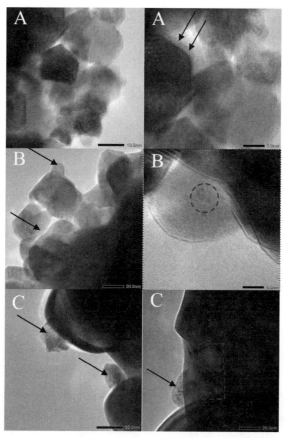

图 3-35 新鲜 $Ce_{0.8}Fe_{0.2}O_{2-\delta}$-800(A);一次循环后样品(B)和六次循环后样品(C)的 TEM 图

如前文中 TPR/TPO 循环实验中所述,材料的结构演变与其还原能力演变紧密相连。对于 $Ce_{0.8}Fe_{0.2}O_{2-\delta}$-800 样品,图 3-32 中循环过程导致低温还原能力的削弱应该由材料烧结造成,而 O_I 峰随循环持续进行而尖锐化的现象应该与表面 Fe_2O_3 晶粒的生长有关。由于铈铁固溶体的形成有利于体相氧的溢出,O_{III} 峰向低温的偏移应该归因于循环后样品中形成的更多固溶体。

如前文所述,O_N 峰主要对应于铈铁界面的还原过程,Fe_2O_3 颗粒的长大不利于铈铁界面的形成,从而导致 O_N 峰向高温偏移直至消失。但是从 TEM 的结果可以推断,这一

状况会由于表面 Fe_2O_3 颗粒向 CeO_2 基体中的迁移形成铈铁交互区域而改变，因为在交互区域铈铁的交互作用应该会更强。总而言之，铈铁交互区域的形成可以抵消 Fe_2O_3 颗粒长大而产生的对材料还原性能的负面影响。对于 O_N 峰随循环的持续进行而不断增强的现象，铈铁交互区域的形成应该起到非常重要的作用。还需指出的是，O_N 峰与简单混合样品对应的 β 峰有相似的特征（峰温接近和峰型类似）。简单混合样品 β 峰随 redox 循环向低温偏移的现象应该是由 Fe_2O_3 颗粒减小，增强铈铁间的相互作用造成。这说明，即便是铈铁氧化物简单的混合，铈铁间依然存在着强烈的相互作用。

另一个有趣的现象是 redox 循环之后铈铁样品上空洞的出现（如图 3-35C 中虚线框所示）。根据我们所掌握的数据，该现象对于铈铁复合氧化物是第一次被发现。一般来讲，CeO_2 大颗粒内部形成的空洞有着丰富的活性表面，对反应物有着极强的吸附能力，在催化领域很有应用前景，也可能促进材料的还原能力。但是就目前的实验数据来看，此类空洞在铈铁材料 redox 性质中的作用还有待深入研究。

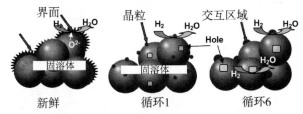

图 3-36　铈铁复合氧化物的结构与还原活性位在 redox 循环过程中的演变示意图

综合前文分析得出了铈铁复合氧化物的结构与还原性能的相关性，具体如图 3-36 所示。对于新鲜样品，铈铁固溶体和表面无定形或小颗粒的 Fe_2O_3 对铈铁复合氧化物的还原性能都起着重要作用，表面 Fe_2O_3 小颗粒与 CeO_2 形成的界面层提供材料中浅层晶格氧向表面迁移的路径，很可能是 TPR 反应的活性位，而固溶体的形成可以促进晶格氧的移动能力，促进深层晶格氧的迁移。表面 Fe_2O_3 小颗粒与铈铁固溶体的共存可以使铈铁复合氧化物在极低的比表面积下拥有较高的还原性能。然而，高温的 redox 循环能够改变表面 Fe_2O_3 的存在状态，连续的 redox 循环后 Fe_2O_3 颗粒明显长大，而且长大的 Fe_2O_3 颗粒能够嵌入到 CeO_2 体相中形成铈铁交互存在区域，这一区域中铈铁间存在着强烈的相互作用，使材料在经历了严重的烧结后仍能保持相对较高的还原能力。另外 redox 循环还导致铈铁样品表面形成更多固溶体和微观孔洞，这些变化都有利于材料的还原性能。铈铁复合氧化物的这些特征具有较强的还原能力和较高的 redox 稳定性。

3.4　本章小结

本章以共沉淀法制备了系列铈掺铁复合氧化物，首次系统地研究了材料自干燥的沉淀物至不同温度焙烧过程中的结构演变，讨论了 Fe^{3+} 掺杂进入 CeO_2 晶格中形成固溶体的规律、固溶体中氧空位的形成特点以及固溶体的热稳定性、还原性能和 redox 循环性能，得到了以下结论：

(1)Fe^{3+} 在沉淀阶段已经进入 CeO_2 晶格中形成了铈基固溶体，固溶度可达 30%

以上。

在 110 ℃干燥的沉淀物中，Fe^{3+} 主要以置换方式取代铈离子，诱导产生丰富的氧空位。但处于取代位置的 Fe^{3+} 并不稳定，焙烧之后，部分取代位的 Fe^{3+} 转移到间隙位形成取代与间隙固溶体共存的状态，导致氧空位浓度降低。在焙烧温度较低时，氧空位的浓度随铁掺杂量的增加而增加。

（2）铈铁固溶体稳定性较差，800 ℃焙烧后，固溶度低于 20%，氧空位浓度也显著降低。

对于铁含量较高的样品，有大量游离的 Fe_2O_3 在材料表面富集，形成固溶体与游离 Fe_2O_3 粒共存的状态。表面 Fe_2O_3 颗粒的大小与铁含量和焙烧温度密切相关。

（3）表面 Fe_2O_3 与铈铁固溶体在铈铁材料还原过程中都扮演着重要角色。

固溶体的形成可以促进材料晶格氧的迁移速率，加速晶格氧自体相向亚表面的迁移；而表面 Fe_2O_3 纳米颗粒与 CeO_2 形成的界面提供了浅层晶格氧溢出的路径。二者的协同作用使铈铁材料在经遭受严重烧结后仍能保持相对较高的还原性能。

（4）高温 redox 循环导致固溶体中部分 Fe^{3+} 迁移出 CeO_2 晶格形成游离的 Fe_2O_3 颗粒并且逐渐长大。

Fe_2O_3 颗粒的长大不利于铈铁间的相互作用，从而会削弱材料的还原性能。但是，redox 循环还能够使 Fe_2O_3 颗粒部分嵌入 CeO_2 基体中形成一个铈铁交互存在区域，这一区域中铈铁间存在着强烈的相互作用，抵消了 Fe_2O_3 颗粒长大对铈铁交互作用产生的不利影响。另外，redox 循环还导致铈铁样品表面形成更多固溶体和微观孔洞，对材料的还原性能产生积极影响。这些特殊性质，使铈掺铁复合氧化物具有较高的 redox 循环性能。

第 4 章　CeO₂ 修饰的铁基复合氧化物结构特点与氧化还原性能

Fe₂O₃ 由于价格低廉、无毒及环境友好等优势在材料和催化领域有着非常广泛的应用[110]。在催化方面，作为催化剂活性组分、助剂或载体，Fe₂O₃ 在 NO_x 分解或选择性还原[111-115]、挥发性有机物脱除[116,117]、费托合成[25,118]、碳氢化合物氧化[119-122] 及 Co 氧化[123,124] 等领域都有出色的表现。而 Fe₂O₃ 基材料的还原行为和 redox 性能在其催化应用中扮演着重要角色[125]。然而单纯 Fe₂O₃ 的低温还原性能较差，而且经过深度还原后很难完全恢复其失去的晶格氧，这使其在 redox 气氛中的结构和化学稳定性都较差。添加助剂或载体是提高 Fe₂O₃ 的低温还原能力和 redox 循环稳定性最简单有效的方法[12,17-22]。

如第三章中所述，CeO₂ 是一种重要的储氧材料，在经历深度还原后仍能保持其萤石结构，且极易被重新氧化，拥有优越的 redox 循环性质[3,126,127]。有研究者考虑利用 CeO₂ 修饰 Fe₂O₃ 从而提高其催化活性和稳定性，结果表明 CeO₂ 的添加延缓了 Fe₂O₃ 晶粒在高温条件下的生长，通过铁铈的协同作用提高了材料的催化活性[10,23,24,26,27]。然而，这些研究大都只考察了材料在中低温条件下的结构、催化或氧化还原特征，涉及材料高温结构稳定性和 redox 循环性能等方面的研究还未见报道。就现有报道的数据来看，研究者对铁铈物种在结构和化学性质上相互作用的认识还非常有限。

本章以共沉淀法制备了一系列 Fe₂O₃ 基铁铈复合材料，系统研究了 CeO₂ 对 Fe₂O₃ 自沉淀至焙烧过程中在结构和化学性质上的修饰作用。深入考察了不同焙烧温度条件下铁铈材料的还原特征和高温 redox 循环稳定性，讨论了 CeO₂ 在还原和 redox 循环过程中扮演的角色。最后，研究了几种典型催化剂载体对 Fe₂O₃ 基铁铈材料还原能力和高温 redox 稳定性的影响，以论证其实用价值。

4.1　结构特征

第三章的研究证实，Ce^{4+}、Fe^{3+} 在沉淀过程中存在相互作用，在沉淀过程中部分 Fe^{3+} 已经进入到 CeO₂ 晶格中形成 CeO₂ 基固溶体，而在焙烧过程中材料结构不断演变。对于 Fe₂O₃ 基材料，我们遵循同样的研究策略，考察了前驱体和不同焙烧条件下 CeO₂、Fe₂O₃ 材料结构上的相互作用。

4.1.1　焙烧过程中的结构演变

1. XRD 和 Raman 表征

图 4-1 为 110 ℃ 干燥的 CeO₂、Fe₂O₃ 和不同铈含量 Fe₂O₃ 基复合氧化物的 XRD 图

谱。图中 Ce05/Fe95 的意义为，该样品中 Ce/Fe 物质的量之比为 5：95，以此类推，本章中所有样品的命名都与此相同。如图所示，纯 Fe_2O_3 前驱体的衍射峰非常微弱，$\alpha\text{-}Fe_2O_3$ 和 $\alpha\text{-}FeO(OH)$ 相隐约可见，说明材料主要以无定形形式存在，只有少量结晶体。Ce05/Fe95 前驱体的 XRD 图谱与纯 Fe_2O_3 前驱体类似，观察不到 Ce 物种的衍射峰，说明铈含量较低时，未对 Fe^{3+} 的沉淀过程产生明显影响。与此不同，Ce10/Fe90 样品前驱体的 XRD 图谱有明显变化，与纯 Fe_2O_3 相比其 $\alpha\text{-}FeO(OH)$ 相的衍射峰非常尖锐，$\alpha\text{-}Fe_2O_3$ 的衍射峰完全消失，CeO_2 的峰也略微显现。由此可见，含量达到一定程度时会影响 Fe^{3+} 的沉淀过程，Ce^{4+} 的存在有利于 $\alpha\text{-}FeO(OH)$ 沉淀物的形成和晶化，而不利于 $\alpha\text{-}Fe_2O_3$ 的直接形成。继续增加 Ce 含量导致 CeO_2 的衍射峰增强，但 $\alpha\text{-}FeO(OH)$ 的峰减弱且宽化，而 $\alpha\text{-}Fe_2O_3$ 的衍射峰重新出现。当 Ce 含量达到 50% 时（Ce50/Fe50 样品），$\alpha\text{-}FeO(OH)$ 的衍射峰消失，样品呈现 $\alpha\text{-}Fe_2O_3$ 和 CeO_2 的混合相。

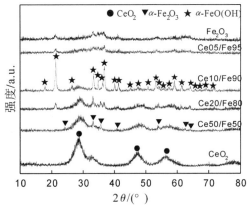

图 4-1　110 ℃ 干燥 CeO_2、Fe_2O_3 和铁基复合氧化物前驱体的 XRD 图谱

　　这些现象说明，纯 Fe^{3+} 在沉淀后主要以无定形形式存在，而 Ce 的添加可以促进 Fe^{3+} 沉淀物的晶化。具体地，铈物种对 Fe^{3+} 沉淀物组分和晶化程度的影响受铈含量支配，铈含量在 10% 左右时有利于高结晶度 $\alpha\text{-}FeO(OH)$ 的形成，铈含量过高（如 50%）有利于直接形成 $\alpha\text{-}Fe_2O_3$ 晶体，当 Fe 含量介于二者之间时，形成 $\alpha\text{-}FeO(OH)$ 和 $\alpha\text{-}Fe_2O_3$ 共存的状态。

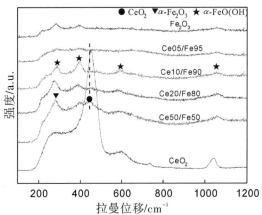

图 4-2　110 ℃ 干燥 CeO_2、Fe_2O_3 和不同铈含量 Fe_2O_3 基复合氧化物前驱体的 Raman 光谱图

图 4-2 为 110 ℃干燥的 CeO_2、Fe_2O_3 和不同 Ce 含量氧化铁基复合氧化物的 Raman 光谱图。与 XRD 的观察有所不同，纯 Fe_2O_3 前驱体显示出明显的 α-Fe_2O_3 的 Raman 图谱，而 Ce05/Fe95 对应的 Raman 峰非常微弱。与此对应，图 4-1 中两个样品中 α-Fe_2O_3 和 Ce05/Fe95 的衍射峰都非常微弱。因为 Raman 检测技术仅能够探测到材料表面的信息，这一现象说明纯 Fe_2O_3 前驱体中结晶较好的 α-Fe_2O_3 晶粒主要集中于材料表面，而 Ce05/Fe95 前驱体中的 Fe_2O_3 晶粒均匀分布于无定形基体中。对于其他样品，Ce10/Fe90 和 Ce50/Fe50 前驱体的 Raman 图谱与 XRD 检测结果一致，分别主要显示对应于 α-FeO(OH) 和 α-Fe_2O_3 的相，有趣的是，Ce20/Fe80 前驱体的 Raman 图谱只显示出 α-Fe_2O_3 的相而没有观察到 α-FeO(OH)，而 XRD 检测结果显示该样品中为 α-FeO(OH) 和 α-Fe_2O_3 共存的状态。这一现象说明，Ce20/Fe80 前驱体中 α-Fe_2O_3 晶粒主要富集于 α-FeO(OH) 表面。图 4-10(b) 中的高分辨 TEM 图也能证实这一点。另外，还观察到，与纯 CeO_2 前驱体相比，Ce50/Fe50 前驱体对应 CeO_2 的衍射峰有红移发生（图 4-3 中虚线所示），说明部分 Fe^{3+} 进入到了 CeO_2 晶格中形成了 CeO_2 基固溶体。

图 4-3 为 500 ℃焙烧的 CeO_2、Fe_2O_3 和不同铈含量 Fe_2O_3 基复合氧化物的 XRD 图。由图可知，500 ℃焙烧之后，纯 Fe_2O_3 样品中氢氧化物均已消失，显示为纯 α-Fe_2O_3 的晶相[92]，而 CeO_2 的 XRD 图可归结为典型萤石结构材料的衍射峰[128]。复合氧化物则显示出 CeO_2 和 α-Fe_2O_3 的混合相。从图 4-3B 可知，对于复合氧化物，其对应 α-Fe_2O_3(110) 晶面与纯 Fe_2O_3 相比向低 2θ 角度偏移，表 4-1 中 α-Fe_2O_3 的晶格常数也略有增大，这说明 Fe_2O_3 发生了晶胞膨胀，应该是由离子半径的 Ce^{4+} 进入到 Fe_2O_3 晶格引起，是 Fe_2O_3 基固溶体的有力证据[10,23,24]。另外，图 4-3A 中复合氧化物样品对应 CeO_2 的衍射峰与纯 CeO_2 相比向高 2θ 角度偏移，同时表 4-1 中的数据显示复合样品中 CeO_2 发生了晶胞收缩（晶格常数减小），说明部分 Fe^{3+} 进入到 CeO_2 晶格中形成了 CeO_2 基固溶体。上述现象说明，在 500 ℃焙烧的 Fe_2O_3 基复合氧化物中，铁铈氧化物间以形成 CeO_2 基固溶体和 Fe_2O_3 基固溶体的形式产生相互作用。

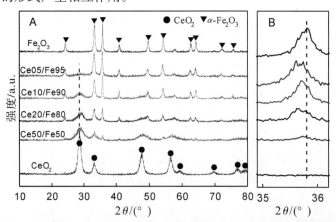

图 4-3　A：500 ℃焙烧的 CeO_2、Fe_2O_3 和不同 Ce 含量 Fe_2O_3 基复合氧化物的 XRD 图谱；
B：α-Fe_2O_3(110) 晶面放大图

与纯氧化物相比，复合氧化物中对应 CeO_2 和 α-Fe_2O_3 的衍射峰都有明显的宽化现象，说明铁铈氧化物间的结构相互作用抑制了两种氧化物晶粒在焙烧过程中的生长。表 4-1中根据 XRD 数据计算得到不同样品中 CeO₂ 和 Fe₂O₃ 的晶粒大小定量地证实了这一现象。

图 4-4 为 500 ℃ 焙烧的 CeO₂、Fe₂O₃ 和不同铈含量 Fe₂O₃ 基复合氧化物的 Raman 光谱图。与 XRD 的检测结果一致，500 ℃ 焙烧后纯 Fe₂O₃ 样品在 220 cm⁻¹、286 cm⁻¹、405 cm⁻¹、495 cm⁻¹、605 cm⁻¹ 和 1060 cm⁻¹ 附近显示出 Raman 峰表明其为典型的α-Fe₂O₃，而纯 CeO₂ 在 460 cm⁻¹ 的 F_{2g} Raman 活性模式证明其为典型的萤石结构。对于复合氧化物，α-Fe₂O₃ 的 Raman 峰与纯 Fe₂O₃ 相比强度降低且出现严重宽化现象，说明CeO₂ 的修饰使 Fe₂O₃ 晶粒粒度减小。值得注意的是，对于 Ce 含量大于 10% 的复合氧化物，500 ℃ 焙烧后尽管其对应 CeO₂ 的衍射峰已较明显（图 4-3），但其对应 CeO₂ 的Raman 信号却非常微弱，且随 Ce 含量的变化非常不明显。通常，材料中不同组分Raman峰的强度与组分含量、晶粒大小和材料吸光率有关。组分含量越高、晶粒越大、吸光率越低，其对应的 Raman 峰越强。由于 Fe₂O₃ 在 Raman 光波长范围内的吸光率较高[11]，其 Raman 峰强度通常远远低于 CeO₂。然而，图 4-4 中复合氧化物对应 CeO₂ 的 Raman峰强度却远远低于 Fe₂O₃，即便 CeO₂ 摩尔含量达到 50% 的 Ce50/Fe50 样品，其对应CeO₂ 的 Raman 峰依然非常微弱。Bao 等[41] 认为这一现象是由 CeO₂ 晶粒较小导致，我们认为这一解释并不全面。因为，TEM 检测结果证明 500 ℃ 焙烧的 Ce50/Fe50 样品中的CeO₂ 的晶粒大小与纯 CeO₂ 前驱体类似，然而纯 CeO₂ 前驱体的 Raman 峰却非常明显（见图 4-2），强度远高于图 4-4 中 Ce50/Fe50 样品。鉴于此可推测，除形成铈基和铁基固溶体外，铁铈氧化物间应该存在特殊的相互作用，导致 CeO₂ 对 Raman 光谱非常不敏感，但这一相互作用的具体形式还无法探知。

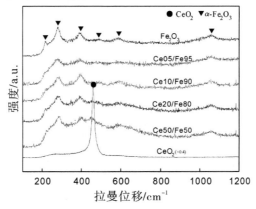

图 4-4　500 ℃ 焙烧的 CeO₂、Fe₂O₃ 和不同 Ce 含量 Fe₂O₃ 基复合氧化物的 Raman 光谱图

图 4-5 为 600 ℃ 焙烧的 CeO₂、Fe₂O₃ 和不同铈含量 Fe₂O₃ 基复合氧化物的 XRD 图。由图可知，600 ℃ 焙烧后纯 CeO₂ 和 Fe₂O₃ 的衍射峰都非常尖锐，表明材料的结晶度较高，晶粒较大。对于复合氧化物样品，与 500 ℃ 焙烧的样品相比，其对应 CeO₂ 和 Fe₂O₃ 的衍射峰也都明显尖锐化，但尖锐化的程度（特别是 CeO₂ 峰）远远低于纯氧化物，说明600 ℃焙烧后复合氧化物中 CeO₂ 和 Fe₂O₃ 晶粒小于纯氧化物。需要指出的是，在 500 ℃ 焙烧样品中观察到的 Fe₂O₃ 衍射峰的偏移，600 ℃ 焙烧后变得不明显。如图 4-5B 所示，只有Ce05/Fe95 样品中 α-Fe₂O₃ 的 (110) 晶面还能观察到略微的偏移，其他样品对应的衍射峰

的位置都与纯 Fe_2O_3 有很高的吻合度。这说明，对于 Ce 含量较高的样品，Fe_2O_3 基固溶体非常不稳定，不能在高温时存在。另外，600 ℃焙烧后 CeO_2 衍射峰的偏移也有减弱的趋势，而且 CeO_2 晶格常数（表 4-1）也更接近于纯 CeO_2，说明 CeO_2 基固溶体在高温时也不稳定，这与第三章的结论一致。需要强调的是，尽管 600 ℃焙烧后复合样品中 CeO_2 的晶格常数有所增加，但依然小于纯 CeO_2，表明材料中仍有 CeO_2 基固溶体存在，而且 Fe 含量越低 CeO_2 基固溶体的含量越高。

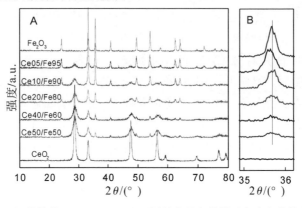

图 4-5　A：600 ℃焙烧的 CeO_2、Fe_2O_3 和不同铈含量氧化铁基复合氧化物的 XRD 图谱；
B：α-Fe_2O_3（110）晶面放大图

　　图 4-6 为 600 ℃焙烧的 CeO_2、Fe_2O_3 和不同 Ce 含量 Fe_2O_3 基复合氧化物的 Raman 光谱图。如图所示，600 ℃焙烧后所有样品中 Fe_2O_3 对应的 Raman 峰强度明显增强，意味着晶粒长大。与 500 ℃焙烧的样品相比，尤为值得关注的是 Ce 含量大于 20％样品中对应 CeO_2 F_{2g} 模式的 Raman 峰在 600 ℃焙烧后变得非常明显（如图 4-6 中虚线框所示）。如前文分析，铁铈复合氧化物中 CeO_2 Raman 峰的强弱不仅与 CeO_2 含量及晶粒大小有关，还与铁铈间的相互作用有关。CeO_2 含量越低、晶粒越小、铁铈间的相互作用越强其对应的 Raman 峰越弱。因此，600 ℃焙烧的 Ce40/Fe60 和 Ce50/Fe50 样品中 CeO_2 Raman 峰的增强应该与 CeO_2 晶粒的生长有关，同时也可能意味着铁铈相互作用的减弱。与此同时，结果还显示，对于所有铁铈复合氧化物，其对应 CeO_2 的 Raman 峰与纯 CeO_2 相比仍有明显的红移，说明存在表面 CeO_2 基固溶体。

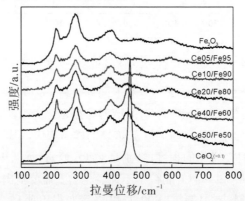

图 4-6　600 ℃焙烧的 CeO_2、Fe_2O_3 和不同铈含量 Fe_2O_3 基复合氧化物的 Raman 光谱图

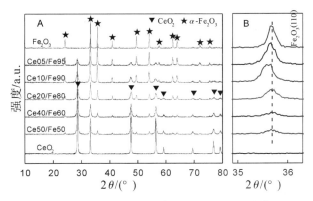

图 4-7　A：800 ℃焙烧的 CeO$_2$、Fe$_2$O$_3$ 和 Fe$_2$O$_3$ 基复合氧化物的 XRD 图谱；B：α-Fe$_2$O$_3$ 晶相(110)放大图

图 4-7 为 800 ℃焙烧的 CeO$_2$、Fe$_2$O$_3$ 和不同铈含量 Fe$_2$O$_3$ 基复合氧化物的 XRD 图。800 ℃焙烧后，所有样品的衍射峰进一步尖锐化，说明晶粒在高温焙烧下继续长大。如表 4-1 所示，与纯氧化物相比，复合氧化物中对应的 CeO$_2$ 和 Fe$_2$O$_3$ 的晶粒依然较小。比较不同焙烧温度发现，焙烧温度越高，复合氧化物中 CeO$_2$ 和 Fe$_2$O$_3$ 晶粒与纯氧化物的差值越大，表明焙烧温度越高，铁铈间协同效应对 CeO$_2$ 和 Fe$_2$O$_3$ 晶粒生长的抑制作用越明显。

必须指出，800 ℃焙烧后复合氧化物中 CeO$_2$ 衍射峰相对于纯 CeO$_2$ 衍射峰的偏移几乎消失，其晶格常数也与纯 CeO$_2$ 的非常接近(见表 4-1)。这说明此材料中 CeO$_2$ 基固溶体几乎完全消失。然而值得关注的是，复合氧化物中 Fe$_2$O$_3$ 衍射峰相对于纯 Fe$_2$O$_3$ 衍射峰的偏移还依然存在于铈含量低于 20% 的样品中。这说明，相对于 CeO$_2$ 基固溶体，Fe$_2$O$_3$ 基固溶体具有更高的热稳定性。

图 4-8 为 800 ℃焙烧的 CeO$_2$、Fe$_2$O$_3$ 和不同 Ce 含量 Fe$_2$O$_3$ 基复合氧化物的 Raman 光谱图。与 XRD 的检测结果一致，高温焙烧造成 Fe$_2$O$_3$ 的 Raman 峰严重尖锐化，特别是 240 cm^{-1} 附近 Fe$_2$O$_3$ 特征峰的出现，表明 Fe$_2$O$_3$ 结晶程度非常高，晶粒已经非常大[10]。值得关注的是，与 XRD 的检测结果不同，复合氧化物对应 CeO$_2$ 的 Raman 峰相对于纯 CeO$_2$ 依然有明显的红移，表明依然有 CeO$_2$ 基固溶体形成。因为 Raman 光谱只是表面检测技术，这一现象说明 800 ℃焙烧后的铁铈复合氧化物表面依然有 CeO$_2$ 基固溶体存在。

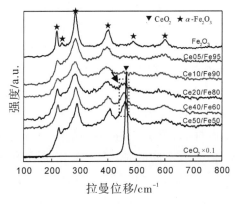

图 4-8　800 ℃焙烧的 CeO$_2$、Fe$_2$O$_3$ 和不同 Ce 含量 Fe$_2$O$_3$ 基复合氧化物的 Raman 光谱

表 4-1　不同样品中 Fe_2O_3 和 CeO_2 的晶粒大小及晶格常数

样品		晶粒大小/nm		晶格常数/nm		
				Fe_2O_3		CeO_2
		CeO_2	Fe_2O_3	a	c	a
Fe_2O_3	500 ℃	—	17.1	0.5024	1.3654	—
	600 ℃	—	35.1	0.5032	1.3763	—
	800 ℃	—	71.1	0.5031	1.3741	—
Ce05/Fe95	500 ℃	—	14.1	0.5034	1.3726	—
	600 ℃	<5	22.8	0.5041	1.3746	0.5399
	800 ℃	11.5	32.7	0.5040	1.3812	0.5410
Ce10/Fe90	500 ℃	—	16.2	0.5022	1.3737	—
	600 ℃	6.8	21.6	0.5034	1.3742	0.5393
	800 ℃	10.3	31.8	0.5045	1.3838	0.5415
Ce20/Fe80	500 ℃	5.5	16.4	0.5036	1.3773	0.5270
	600 ℃	6.3	17.7	0.5031	1.3786	0.5374
	800 ℃	13.2	30.6	0.5040	1.3772	0.5403
Ce40/Fe60	600 ℃	7.1	10.7	0.5038	1.3724	0.5368
	800 ℃	20.2	23.3	0.5030	1.3761	0.5403
Ce50/Fe50	500 ℃	< 5	9.4	0.5024	1.3715	0.5372
	600 ℃	5.6	10.1	0.5031	1.3748	0.5384
	800 ℃	20.1	10.8	0.5032	1.3766	0.5406
CeO_2	500 ℃	8.4	—	—	—	0.5403
	600 ℃	18.9	—	—	—	0.5415
	800 ℃	58.7	—	—	—	0.5412

2. 微观形貌

图 4-9 给出了 110 ℃干燥前驱体和不同焙烧条件下 Ce10/Fe90 样品的 TEM 图。由图 4-9a 可知，110 ℃干燥的 Ce10/Fe90 前驱体主要为棒状且呈单根分散，没有聚集生长，其表面分散着一些微小的颗粒。棒状物的直径分布很不均匀，在 5~50 nm，表面小颗粒的粒径非常均匀，都小于 5 nm。图 4-9b 的高分辨 TEM 可以看出，无论是棒状物还是表面小颗粒，其晶格图像都清晰可见，说明材料为结晶体。图 4-1 的 XRD 结果显示 Ce10/Fe90 前驱体的主要组分 CeO_2 和 α-FeO(OH)相，由高分辨 TEM 图中的晶面间距可以判断，棒状物为 α-FeO(OH)而其小颗粒为 CeO_2。

500 ℃焙烧后 Ce10/Fe90 样品(图 4-9b 和 4-9c)的形貌与其前驱体类似，依然为棒状物和表面小颗粒的混合物。但略有不同的是，500 ℃焙烧后的棒状物上出现了大量的缺陷孔。XRD 检测结果表明 500 ℃焙烧后 Ce10/Fe90 样品上的 α-FeO(OH)已全部分解为 α-Fe_2O_3，表明棒状物应该是 α-Fe_2O_3，而 α-FeO(OH)分解产生的水蒸气可能是缺陷孔的原因。

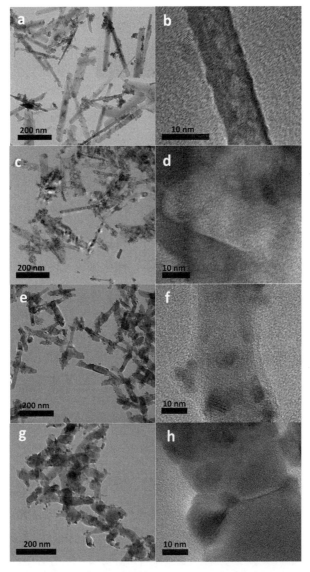

图 4-9 110 ℃干燥 Ce10/Fe90 前驱体（a、b）及 500（c、d）；600（e、f）和
800 ℃（g、h)焙烧 Ce10/Fe90 样品的 TEM 图

600 ℃焙烧后 Ce10/Fe90 样品的形貌与 500 ℃焙烧的样品有明显的差异。由图 4-9e 可以看出，600 ℃焙烧导致不同 α-Fe₂O₃ 棒的直径分布趋向于均匀(20 nm 左右)，但同一棒在纵向上出现了粗细不均的现象，且棒的形貌也变得不规则，有些棒两两生长在一起形成了"十"字或"T"状。另外，600 ℃焙烧后样品中 α-Fe₂O₃ 棒上缺陷孔大大减少，可能是焙烧过程中 α-Fe₂O₃ 晶格生长使缺陷自动愈合。CeO₂ 颗粒依然均匀分布在 α-Fe₂O₃ 棒上，与 500 ℃焙烧的样品相比，颗粒明显长大，粒径为 5～10 nm。800 ℃焙烧后(图4-9g 和 4-9h)，α-Fe₂O₃ 棒明显向横向生长，直径生长至 50 nm 左右，且棒的规则性进一步降低，一些棒生长在一起形成一些连接界面(图 4-9h 虚线框)。CeO₂ 颗粒依然较小，保持在 10 nm 左右，且与 Fe₂O₃ 棒结合得更加紧密。

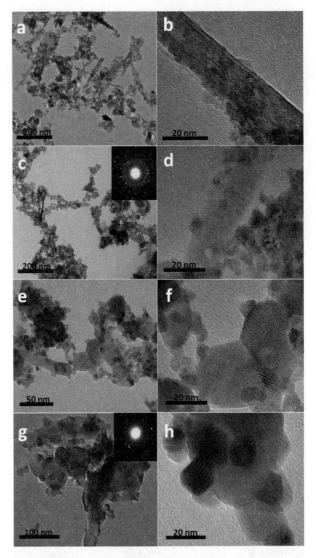

图 4-10　110 ℃干燥 Ce20/Fe80 前驱体（a、b）及 500（c、d）；600（e、f）和
800 ℃（g、h）焙烧 Ce20/Fe80 样品的 TEM 图

图 4-10 为 110 ℃干燥前驱体和不同焙烧条件下 Ce20/Fe80 样品的 TEM 图。由图 4-10a 可知，Ce20/Fe80 前驱体上依然有棒状物存在且有丰富小颗粒分散在其表面，对应其 XRD 图谱，该棒状物为 α-FeO(OH)相，而小颗粒为 CeO_2。与 Ce10/Fe90 样品的前驱体相比，α-FeO(OH)棒表面的小颗粒明显较多（图 4-10b），对应于其较高的 Ce 含量。除此之外，图中还能观察到一些较大的颗粒，根据其 XRD 图谱，应该归属为 α-Fe_2O_3 相。与 α-FeO(OH)类似，α-Fe_2O_3 颗粒表面也分散着丰富的 CeO_2 小颗粒，粒径小于 5nm。

500 ℃焙烧后（图 4-10c 和 4-10d），α-FeO(OH)转化为 α-Fe_2O_3 未改变其棒状形貌，原有的 α-Fe_2O_3 颗粒也未见明显长大，但 CeO_2 颗粒的粒径明显增大，可达 5～10 nm。与 500 ℃焙烧的 Ce10/Fe90 样品类似，Ce20/Fe80 中的 α-Fe_2O_3 棒在焙烧后亦出现了缺陷孔（图4-10d中虚线框所示）但数量较少，应该也是由 α-FeO(OH)分解产生的水蒸气所致。

沉淀前驱体中已存在的 α-Fe₂O₃ 球没有明显变化。

600 ℃焙烧后(图 4-10e 和 4-10f)，α-Fe₂O₃ 棒直径生长到 20 nm 左右，且变得不规则，表面缺陷孔依然清晰可见。α-Fe₂O₃ 颗粒在焙烧后其直径达到了 30 nm 左右，有些连接紧密的颗粒生长在一起形成了更大的颗粒，如图 4-10f 所示。与 500 ℃焙烧样品相比，600 ℃焙烧后表面氧化铈的分散性更好，结晶度也较高且与 α-Fe₂O₃ 颗粒或棒结合紧密，CeO₂ 颗粒粒径保持在 10nm 左右。800 ℃焙烧后 Ce20/Fe80 样品的形貌(图 4-10g 和 4-10h)与 600 ℃焙烧的类似，所不同的是，高温焙烧导致 α-Fe₂O₃ 棒或颗粒都继续生长，直径增加至50 nm 左右，表面 CeO₂ 颗粒也缓慢生长，粒径在 10～20 nm 范围内。

TEM 分析可知，在铁基复合氧化物的沉淀物中，α-FeO(OH)为棒状物，这与其自然条件下的存在状态(针状)类似，α-Fe₂O₃ 为颗粒状，而 CeO₂ 为小颗粒。α-FeO(OH)棒大都呈单根状态分散没有聚集生长，而 CeO₂ 为小颗粒有较强的聚集生长趋势。高温焙烧之后，α-FeO(OH)转化为 α-Fe₂O₃，但其棒状的形貌没有被破坏，只是棒的规则性略微变差。升高焙烧温度，α-Fe₂O₃ 棒主要在径向上生长，而 α-Fe₂O₃ 和 CeO₂ 颗粒也都逐渐长大，其中 CeO₂ 颗粒生长非常缓慢。

值得注意的是，焙烧过程中 CeO₂ 颗粒并未团聚在一起，而是以单个小颗粒的形式较好地分散在 α-Fe₂O₃ 棒或球上。这一现象有利于 CeO₂ 暴露活性较高的晶面，利于催化反应。上述结果表明，可以通过添加适量的 Ce⁴⁺ 在沉淀过程中控制 Fe₂O₃ 的形貌，而将 Fe₂O₃ 作为载体，可以抑制 CeO₂ 颗粒的生长并实现其在较高焙烧温度条件下依然保持较高的分散性。铁铈氧化物结构上的相互作用在后面的论述中可与其氧化还原性能和催化活性相关联。

4.1.2　焙烧过程中的织构特征演变

图 4-11 给出了 600 ℃焙烧样品的 N₂ 吸附－脱附等温线和 BJH 孔径分布。如图4-11A 所示，所有样品的 N₂ 吸附－脱附等温线均为 IV 型，有明显的滞后环存在，这是 N₂ 在介孔中发生了毛细凝聚所致，同时表明材料具有介孔分布。纯 CeO₂ 和 Fe₂O₃ 对应的 N₂ 吸附－脱附等温线上的滞后环较不明显，表明形成的孔结构非常有限，添加 Ce 后滞后环对称性和最大吸附容量大大提高，表明在相同的制备条件下，Ce 的添加使材料更易形成均匀的孔结构。

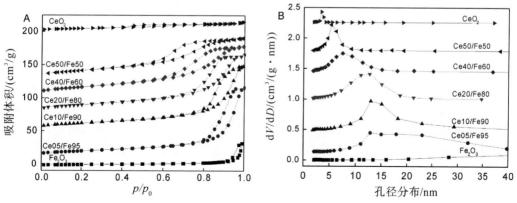

图 4-11　600 ℃焙烧样品的 N₂ 吸附－脱附等温线(A)和 BJH(B)孔径分布

还需指出的是，纯 Fe_2O_3 样品上的滞后环出现在较高的比压($p/p_0>0.9$)条件下，随着 CeO_2 的加入及含量的增加，滞后环向低比压区域移动，至纯 CeO_2 时，滞后环出现始于 0.4 比压。另外，对于铁铈复合样品，Ce 含量越高，材料的最大吸附容量越低，自 Ce05/Fe95 样品的 102($cm^3 \cdot g$)降至 Ce50/Fe50 样品的 56($cm^3 \cdot g$)。这表明铈含量越高，材料的孔径越小。图 4-11B 中的 BJH 孔径分布图也体现了这一特点：铈含量自 5%(Ce05/Fe95 样品)增加至 50%(Ce50/Fe50 样品)时，材料的 BJH 孔径分布曲线中心点从 18nm 降至 6nm 左右。将 N_2 吸附—脱附等温线与图 4-9 和 4-10 中的 TEM 图相结合可以推测，铈含量较低样品中较大的孔道应该主要由 α-Fe_2O_3 棒的堆积形成。而铈含量较高样品中较小的孔道应该由球形 Fe_2O_3 或 CeO_2 颗粒堆积形成。

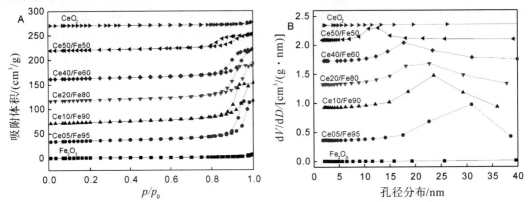

图 4-12　800 ℃焙烧样品的 N_2 吸附—脱附等温线(A)和 BJH(B)孔径分布

800 ℃焙烧后，纯 CeO_2 和 Fe_2O_3 对应的 N_2 吸附—脱附等温线(图 4-12)上的滞后环几乎都完全消失，说明高温焙烧导致颗粒长大，破坏了其孔道结构。与此不同，尽管高温焙烧导致铁铈复合氧化物的 N_2 吸附—脱附等温线对应的最大吸附容量降低了 20%～40%，但是其依然保持了其孔结构，特别是铈含量较低的样品(≤20%)。这说明，与纯氧化物相比，铁铈复合氧化物具有更高的热稳定性。这应该与 α-Fe_2O_3 棒的形成有关，因为棒状物更容易堆积形成孔结构，而且高温焙烧时，棒状物也不易聚集形成大的烧结块。从图 4-12B 还可以看出，800 ℃焙烧导致材料 BJH(B)孔径分布向较大的孔直径方向偏移，这说明高温焙烧导致材料中的微孔消失而主要以大孔形式存在。这可能是因为高温焙烧导致小颗粒长大，破坏了小的堆积孔存在的环境，而 α-Fe_2O_3 棒的生长为较大堆积孔的形成创造了条件。

材料比表面积的变化与其孔结构对应。如图 4-13 所示，对于 600 ℃焙烧的样品，铁铈复合氧化物的比表面积均大于纯氧化物。在所研究的 Ce 含量范围内，样品的比表面积随着 Ce 含量的增加而快速增大，当 Ce 含量增加至 40% 时，继续增加 CeO_2 的含量，比表面积没有明显变化。而 800 ℃焙烧时，这一情况有所改变：在所有样品中，Ce 含量为 10% 时的样品(Ce10/Fe90)的比表面积最大，继续增加 Ce 含量将导致材料的比表面积快速下降。在所有样品中，600 ℃焙烧后铁铈复合氧化物的比表面积最大可达 59($m^2 \cdot g$)，而 600 ℃焙烧后的最大值为 24($m^2 \cdot g$)。

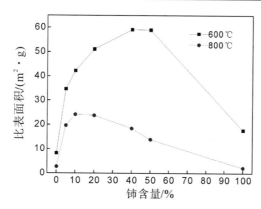

图 4-13　铈含量对 600 ℃和 800 ℃焙烧样品比表面积的影响

与第三章中铈基复合氧化物相比，铈基材料在低温焙烧时具有较高的比表面积，而铁基材料在高温焙烧时更占优势。结合前文分析，我们认为 Ce10/Fe90 样品在高温焙烧后依然具有相对较高的比表面积得益于其中 α-Fe₂O₃ 棒的存在，因为 Fe₂O₃ 棒的无序排列能形成大量孔结构。

4.2　还原性能

4.2.1　铈含量对还原性能的影响

图 4-14 为 600 ℃焙烧的纯 Fe₂O₃ 和不同铈含量复合氧化物的 H₂-TPR 图。纯 Fe₂O₃ 的 H₂-TPR 图谱显示 Fe₂O₃ 的还原为典型的阶梯式还原过程，440 ℃、700 ℃和 800 ℃显示的三个峰（α、β 和 γ）分别代表着 Fe₂O₃→Fe₃O₄→FeO→Fe 的还原[103]。铁铈复合氧化物含有四个还原峰，除 α、β 和 γ 代表着 Fe₂O₃ 的分步还原过程，其低于 400 ℃温度范围内还出现了一个新的还原峰 δ。δ 是一个非常微弱的峰，应该归属为复合材料中纳米 CeO₂ 的还原，因为纳米尺寸的 CeO₂ 颗粒通常在 400 ℃以下可以被还原[129]，且固溶体的形成也有利于 CeO₂ 在低温还原[130]。而前文的 XRD 及 TEM 的检测结果都表明铁铈复合氧化物中 CeO₂ 的粒径很小（6nm 左右）且有铈基固溶体形成。图 4-14 还可以看到，δ 峰随着 Ce 含量的增加往高温偏移，这可能与 CeO₂ 在 Fe₂O₃ 上的分散度有关，Ce 含量较低的样品上 CeO₂ 更容易实现高分散。这点可以通过对比 Ce10/Fe90（图 4-9）和 Ce20/Fe80（图 4-10）的 TEM 图证实。

值得关注的是铁铈复合氧化物的 α 与 β 峰相对于纯 Fe₂O₃ 的偏移。铈含量较低时（Ce05/Fe95 样品）α 峰相对于纯 Fe₂O₃ 向低温略有偏移，而继续增加 Fe 含量，这一偏移逐渐消失，有趣的是这与图 4-5B 中 α-Fe₂O₃ 的（110）晶面的偏移非常吻合。这一现象说明，Fe₂O₃ 的表面还原与 Fe₂O₃ 基固溶体的形成关系密切，Ce⁴⁺ 的掺杂可降低其还原温度，这可能是由固溶体中的缺陷可提高氧的流动性造成。与 α 峰不同，β 峰向低温的偏移随 Ce 含量的增强而增大。这一现象一方面可能与不同样品中的铁含量有关，因为 β 峰代表 Fe³⁺ 向 Fe 还原的过渡阶段，当表面还原完成时，Fe 含量较低意味着相对较高的 H₂

浓度，这可能导致形成的过渡态 Fe^{3+} 在过量的 H_2 气氛下很容易消耗完，表现为在较低温度下出现还原峰。另一方面，因为 CeO_2 和 Fe_2O_3 紧密结合在一起，表面 CeO_2 的存在也可能影响过渡态 Fe^{3+} 的还原，从而造成 β 峰向低温移动。再者，β 峰向低温的偏移还可能与 Fe_2O_3 的晶粒半径减小有关（表 4-1 的数据显示 Ce 含量越高 Fe_2O_3 颗粒越小），较小的晶粒半径可能缩短体相氧向表面的迁移距离，缩短了 Fe^{3+} 向 Fe 转化的过渡时间，使这一过渡阶段很快完成，在程序升温过程中表现为 β 还原峰在低温阶段结束。

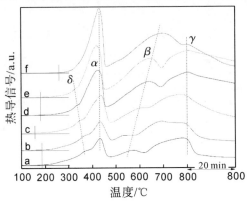

图 4-14　600 ℃焙烧样品的 H_2-TPR 图谱

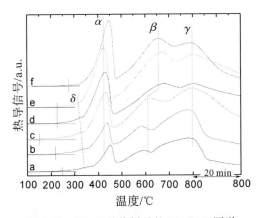

图 4-15　800 ℃焙烧样品的 H_2-TPR 图谱

800 ℃焙烧的铁铈样品依然显示四个还原峰，如图 4-15 所示。各峰的归属以及 δ 峰的偏移原因应该与 600 ℃焙烧的样品相同。所不同的是 δ 峰的强度明显减弱，这应该与表面 CeO_2 晶粒的生长有关。另外，与 600 ℃焙烧的样品相比，800 ℃焙烧的复合氧化物对应的 α 峰相对于纯 Fe_2O_3 的偏移更加明显，而且偏移程度受 Fe 含量的影响也更加显著。前文分析认为，α 峰的偏移与 Fe_2O_3 基固溶体的形成有关，这一解释也一定程度上适用于 800 ℃焙烧样品。因为 Ce05/Fe95 和 Ce10/Fe90 等形成 Fe_2O_3 基固溶体的样品所对应的 α 峰拥有较低的峰温。然而，对于没有形成固溶体的 Ce40/Fe60 和 Ce50/Fe50 样品，Ce40/Fe60 所对应的 α 峰的峰温较低的事实却不适用于这一解释。本书认为，经过高温焙烧后铁铈复合氧化物的表面还原还可能与材料的比表面积有关，相对较高的比表面积有利于 Fe_2O_3 在低温被还原。

800 ℃ 焙烧样品对应 β 峰的偏移也与 600 ℃ 焙烧的样品不同。800 ℃ 焙烧后，β 峰对铈含量的敏感性大大降低，只是在铈含量高于 20％ 时才有明显偏移。基于图 4-14 的分析认为 β 峰的偏移受铈含量、表面 CeO₂ 和 Fe₂O₃ 粒径的影响较大。对比 800 ℃ 焙烧的样品，铈含量高于 20％ 时最大的变化为 Fe₂O₃ 粒径的减小（表 4-1），因此此时 β 峰向低温偏移应该归属为较小的 Fe₂O₃ 晶粒度。

总体而言，铁铈复合氧化物上 CeO₂ 的表面还原主要由其晶粒大小决定，由于 800 ℃ 焙烧后 CeO₂ 颗粒依然较小，其还原温度受焙烧温度影响不大。复合材料中 Fe₂O₃ 的还原与 Fe₂O₃ 基固溶体的形成有关，同时也受 Fe₂O₃ 颗粒大小控制：Fe₂O₃ 基固溶体的形成有利于 Fe³⁺ 的表面还原向低温移动，而较小的 Fe₂O₃ 粒径可使 Fe³⁺ 的后续还原更容易进行。与纯 Fe₂O₃ 相比，铈含量较低（≤20％）的铁铈复合氧化物有明显的低温还原优势，且其受焙烧温度（比表面积）的影响不大，特别是高温焙烧（800 ℃）后这一优势更加明显。另一方面，铈含量较高样品的还原受比表面积影响较大，比表面积降低导致材料的还原温度升高。因此可以认为，低铈含量（≤20％）的铁铈复合氧化物具有更高的稳定性。

4.2.2　结构与还原性能相关性

为了更好地理解低铈含量铁铈复合氧化物还原过程中铁铈间的相互作用，我们通过改变 Ce20/Fe80 样品的焙烧温度和制备方法，制备了一系列具有不同结构特征的 Ce20/Fe80 材料，并研究了他们的还原行为。图 4-16 为不同条件制备 Fe₂O₃ 与 Ce20/Fe80 样品的 XRD 图谱。图中 Fe₂O₃-600 代表 600 ℃ 焙烧的纯 Fe₂O₃，其他样品的命名方式与此相同。不同样品的比表面积以及其中 CeO₂ 和 Fe₂O₃ 的晶格常数与晶粒大小在表 4-2 中列出。

如图 4-16A 所示，纯氧化铁样品（Fe₂O₃-600 和 Fe₂O₃-800）的 XRD 图谱对应于 α-Fe₂O₃ 晶相[128]，而所有 Ce20/Fe80 样品都显示为 α-Fe₂O₃ 和 CeO₂ 的混合物。对于所有样品，高的焙烧温度导致衍射峰严重尖锐化，特别是机械混合法制备的样品和纯 Fe₂O₃，这一尖锐化的程度更严重，说明材料更易烧结。图 4-2 中不同样品的比表面积亦显示出这一趋势。

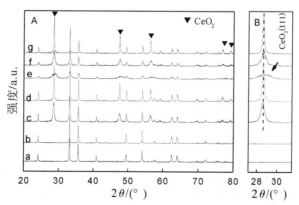

图 4-16　不同条件制备 Fe₂O₃ 与 Ce20/Fe80 样品的 XRD 图谱

表 4-2　不同条件制备 Fe₂O₃ 与 Ce20/Fe80 样品的结构参数

样品	晶粒大小/nm			晶格常数 Fe₂O₃/nm		比表面积/(m²/g)
	CeO₂	Fe₂O₃	CeO₂	Fe₂O₃		
				a	c	
Fe₂O₃-600	—	38.6	—	0.5035	1.3739	8.3
Fe₂O₃-800	—	71.1	—	0.5031	1.3741	2.7
PM-600	18.5	39.5	0.5410	0.5034	1.3736	13.2
PM-800	56.5	69.7	0.5412	0.5032	1.3740	2.5
CP-600	6.6	5.4	0.5378	0.5029	1.3825	51.2
CP-800	13.2	10.2	0.5408	0.5040	1.3772	23.9
CP-1000	36.9	29.7	0.5409	0.5031	1.3731	4.1

PM：物理混合 Ce20/Fe80；CP：共沉淀 Ce20/Fe80

　　从图 4-16B 还可以看出，共沉淀法制备的 Ce20/Fe80-600 样品（图 4-16e）对应的 CeO₂ 衍射峰与其他样品相比向高角度偏移，表 4-2 中的数据也显示该样品中的 CeO₂ 晶胞发生收缩，意味着固溶体的形成。另外，Fe₂O₃ 的晶胞也略微膨胀，可能是由 Ce⁴⁺ 进入到 Fe₂O₃ 晶格引起。当焙烧温度升高时，CeO₂ 和 Fe₂O₃ 的晶格畸变都逐渐消失，说明不管是铈基还是铁基固溶体在高温条件下都不稳定。对于，物理混合的 Ce20/Fe80 样品，CeO₂ 和 Fe₂O₃ 的衍射峰都没有发生偏移而且其晶格常数也与纯 CeO₂ 接近，说明在该材料中 CeO₂ 和 Fe₂O₃ 是以简单混合状态存在，没有固溶体形成。

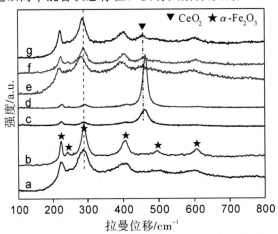

图 4-17　不同条件制备 Fe₂O₃ 与 Ce20/Fe80 样品的 Raman 光谱图

　　不同样品的 Raman 分析在图 4-17 中示出。与 XRD 的检测结果类似，纯氧化铁显示出 α-Fe₂O₃ 的特征 Raman 图谱，复合氧化物为 α-Fe₂O₃ 和 CeO₂ 的混合相。Fe₂O₃-800 样品在 220 cm⁻¹、240 cm⁻¹、286 cm⁻¹、404 cm⁻¹、494 cm⁻¹ 和 604 cm⁻¹ 出现了六个 Raman峰，而 Fe₂O₃-600 只有四个峰，240 cm⁻¹ 和 494 cm⁻¹ 峰的出现意味着 Fe₂O₃ 的结晶较好、颗粒较大[10]。值得关注的是，共沉淀样品和物理混合样品中 α-Fe₂O₃ 与 CeO₂ Raman 峰的比值非常不同。对于共沉淀的样品，α-Fe₂O₃ 的 Raman 峰非常强，而 CeO₂ 的峰非常弱，而物理混合样品却完全显示相反的现象。一般而言，由于在 Raman 光的波长范围内 α-Fe₂O₃ 具有较强的吸光特性[11]，所以纯 Fe₂O₃ 的 Raman 信号显著弱于纯

CeO₂[10]。在这种情况下，铁铈复合氧化物中，即便在 CeO₂ 的含量较低的情况下其仍表现是较强的 Raman 峰是合理的。这可以用来解释物理混合样品中，尽管 CeO₂ 的含量只有 20％但却显示出远远强于 Fe₂O₃ Raman 峰的现象。另外，复合样品中不同组分 Raman 峰的强弱与其含量和晶粒大小有关，含量越多、晶粒尺寸越大，Raman 峰就越强。但在本实验中，所有复合氧化物中的 Ce/Fe 比率都一致，同时 Ce20/Fe80-1000 样品中对应的 CeO₂ 粒径远远大于物理混合的 Ce20/Fe80-600 样品，这说明共沉淀的样品对应 CeO₂ 的 Raman 较弱不是由其晶粒度较小造成。因此我们推测，共沉淀法制备的铁铈复合氧化物中铁铈间存在着强烈的相互作用影响了铈、铁氧化物对于 Raman 信号的敏感性。如图 4-18所示，TEM 图显示共沉淀样品中，CeO₂ 小颗粒分散在 α-Fe₂O₃ 棒或球上且与 Fe₂O₃ 结合非常紧密。高分辨 TEM 图表明（图 4-18b 和 4-18d 中虚线框），CeO₂ 颗粒和 Fe₂O₃ 间形成了一个紧密的界面层。如图 4-18a 和 4-18c 所示，Fe₂O₃ 表面的 CeO₂ 颗粒非常丰富，因此可以认为这一界面层占据了 Fe₂O₃ 的大部分表面，足以影响到复合氧化物对 Raman 光谱图的敏感性。由此可知，铁、铈氧化物间形成界面层是铈铁交互作用的重要形式。

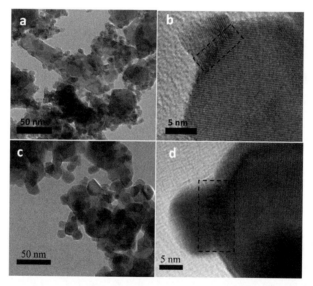

图 4-18　600 ℃(a、b)和 800 ℃(c、d)焙烧 Ce20/Fe80 样品的高分辨 HRTEM 图

从图 4-17 中还能看到，对于共沉淀法制备的 Ce20/Fe80 样品，即便是焙烧温度达到 800 ℃（图 4-17g），其对应的 CeO₂ 的 Raman 峰依然有红移发生，表明所有共沉淀法制备的复合氧化物样品表面都有 CeO₂ 基固溶体形成。另一方面，共沉淀制备的 Ce20/Fe80-600 对应的 Fe₂O₃ 峰也有红移发生。据报道，当离子半径较大的 Cu²⁺ 进入到 Fe₂O₃ 晶格后由于表面应力和缺陷的形成会导致 Fe₂O₃ Raman 峰向低波束移动。由于 Ce⁴⁺ 半径亦大于 Fe³⁺，Ce20/Fe80-600 对应的 Fe₂O₃ 峰的红移应该是由于 Fe³⁺ 掺杂导致，表明共沉淀法制备的 Ce20/Fe80-600 样品表面有 Fe₂O₃ 基固溶体形成。

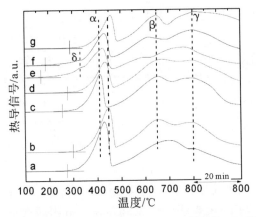

图 4-19　不同条件制备 Fe$_2$O$_3$ 与 Ce20/Fe80 样品的 H$_2$-TPR 图谱

图 4-19 为不同条件下制备的 Fe$_2$O$_3$ 和 Ce20/Fe80 样品的 H$_2$-TPR 图谱。纯 Fe$_2$O$_3$ 和物理混合法制备的 Ce20/Fe80 样品均只显示三个还原峰（α、β 和 γ），对应于 Fe$_2$O$_3$ 的分步还原，而共沉淀法制备的样品显示出四个还原峰（δ、α、β 和 γ）。如前文所述，δ 峰出现在低温阶段，归属为 CeO$_2$ 的表面还原，受 CeO$_2$ 颗粒大小的控制。物理混合样品上 δ 峰的缺失可能是由 CeO$_2$ 粒径较大导致。

值得注意的是，对于 600 ℃焙烧的样品，尽管前文 XRD 及 Raman 表征表明物理混合样品中的 CeO$_2$ 和 Fe$_2$O$_3$ 仅仅简单接触，结构上无更强烈的交互作用，但其对应的 α 峰的峰温依然低于纯 Fe$_2$O$_3$。这说明，即便是简单接触，CeO$_2$ 的存在也有利于 Fe$_2$O$_3$ 在低温还原。另一方面，与物理混合样品相比，共沉淀复合氧化物样品对应的 β 和 γ 峰的峰温明显较低，说明铁铈间的相互作用（固溶体或铈铁界面的形成）有利于 Fe$_2$O$_3$ 的体相还原。

表 4-3　图 4-18 中不同还原峰的峰温

样品	还原峰的峰温/ ℃			
	δ	α	β	γ
Fe$_2$O$_3$-600	—	438	719	800
Fe$_2$O$_3$-800	—	456	676	800
PM-600	—	421	680	800
PM-800	—	443	691	800
CP-600	343	435	611	790
CP-800	335	440	629	800
CP-1000	—	466	664	800

PM：物理混合 Ce20/Fe80；CP：共沉淀 Ce20/Fe80.

800 ℃焙烧后，纯 Fe$_2$O$_3$（图 4-19b）和物理混合的样品（图 4-19d）对应的 α 峰都向高温偏移，而对于共沉淀的复合氧化物（图 4-19f），α 峰的峰温并未由于焙烧温度的升高而升高，只有 β 和 γ 峰向高温偏移。还需指出，升高后的 β 和 γ 峰依然低于物理混合样品。这说明共沉淀复合氧化物样品在高温焙烧后依然具有较高的还原能力。如前文所述，铁铈复合氧化物的还原对 Fe$_2$O$_3$ 基固溶体的形成、铁铈交互界面的形成和 Fe$_2$O$_3$ 颗粒大小非常敏感。800 ℃焙烧样品中，物理混合样品和共沉淀样品还原行为的对比进一步证实：与 Fe₂O₃ 基固溶体和 Fe₂O₃ 颗粒大小相比，铁铈交互界面的形成对铈铁复合氧化物的还原能力影响更大。

还需指出的是，与 800 ℃焙烧样品相比，1000 ℃焙烧后，共沉淀法制备的 Ce20/Fe80-1000 样品对应的 δ 峰消失了，同时 α、β 和 γ 峰也向高温偏移。这说明过高的焙烧温度依然会破坏铁铈氧化物间的交互作用，导致材料的还原能力减弱。

综上所述，共沉淀与物理混合样品的对比使我们对铁铈复合氧化物结构与其还原性能的关系有了更深的认识。除了形成 Fe₂O₃ 基固溶体外，CeO₂ 和 Fe₂O₃ 的简单接触同样能够促进 Fe₂O₃ 的还原。在高温焙烧条件下，CeO₂ 的存在抑制了氧化铁颗粒的生长以及 CeO₂ 与 Fe₂O₃ 间形成的交互界面是铁铈复合氧化物在高温焙烧后依然具有较强的还原能力的原因。

4.3　Redox 性质

铁铈复合氧化物的 redox 性能，通过重复 H₂-TPR 和 600 ℃氧气脉冲（储氧测试）研究。图 4-20 为 800 ℃焙烧的 Fe₂O₃ 和 Ce20/Fe80 样品在 redox 循环过程中的 TPR 图谱。循环 1 代表第一次重新氧化之后样品的 TPR 图谱，以此类推。

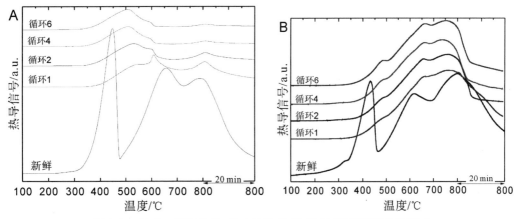

图 4-20　Redox 循环对 Fe₂O₃（A）和 Ce20/Fe80（B）还原行为的影响

由图 4-20A 可知，Fe₂O₃ 的 TPR 图谱在 redox 循环后发生了本质的变化。第一次循环后，循环 1 TPR 图谱上依然有三个峰，但是每个还原峰的强度都显著降低。增加循环次数，高温和中温峰逐渐消失，达到稳定状态时只剩一个还原峰。由图 4-21 可知，六次循环之后纯 Fe₂O₃ 的 OSC 由 0.67 mmol/g 降至 0.20 mmol/g，意味着 Fe₂O₃ 中超过 70% 的氧还原后在氧化阶段不能重新恢复。Ce20/Fe80 样品的还原行为在 redox 循环之后与 Fe₂O₃ 完全不同。Ce20/Fe80 在 Redox 循环之后，低温还原峰被严重削弱，而高温还原峰却（600～800 ℃）明显增强。样品的储氧能力在经过六次循环之后从 1.57 mmol/g 升至 2.1 mmol/g。

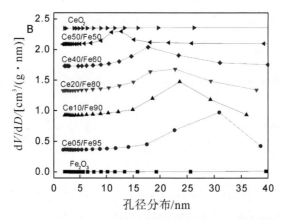

图 4-21　Redox 循环对 Fe$_2$O$_3$(A)和 Ce20/Fe80(B)储氧能力的影响

　　Ce20/Fe80 和 Fe$_2$O$_3$ 在 redox 过程中还原行为的改变应该与其结构演变相联系。图4-22 对比了 redox 循环前后 Fe$_2$O$_3$ 和 Ce20/Fe80 的 XRD 图谱。对于纯 Fe$_2$O$_3$ 样品(图4-22A)，第一次循环之后 α-Fe$_2$O$_3$ 的衍射峰消失了，而出现了 Fe 的低价氧化物(如 Fe$_3$O$_4$ 和 FeO)和金属铁。继续循环之后，FeO 和 Fe 的衍射峰逐渐增强而 Fe$_3$O$_4$ 的衍射峰明显降低。这说明，循环之后 Fe$_2$O$_3$ 的还原峰主要归因于 Fe^{2+} 的消耗，这应该是纯 Fe$_2$O$_3$ 样品经过 redox 循环后储氧能力严重削弱的原因。

　　Ce20/Fe80 样品的组分在 redox 循环后亦发生了明显的变化。如图 4-22B 所示，第一次 redox 循环之后，Fe$_3$O$_4$ 和 Fe 的晶相出现，但与循环之后的纯 Fe$_2$O$_3$ 样品不同，α-Fe$_2$O$_3$ 依然存在，表明 Ce20/Fe80 中的 Fe^{3+} 在还原之后更易在氧化阶段恢复。这也是 redox 循环之后 Ce20/Fe80 样品相对于纯 Fe$_2$O$_3$ 具有更高的储氧能力的原因。另外，继续增加循环次数，α-Fe$_2$O$_3$ 衍射峰的强度明显增强，说明更多的低价 Fe^{3+} 被氧化为 Fe^{3+}，这也导致 Ce20/Fe80 样品的储氧能力随着循环次数的增加而逐渐增强(图 4-21)。

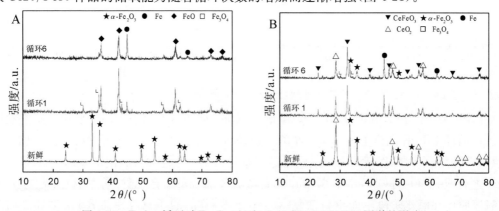

图 4-22　Redox 循环对 Fe$_2$O$_3$(A)和 Ce20/Fe80(B)XRD 图谱的影响

　　图 4-22B 中另一个有趣的现象是 Ce20/Fe80 样品在循环之后产生了 CeFeO$_3$。据报道，CeFeO$_3$ 可由反应 3CeO$_2$ + Fe$_2$O$_3$ + Fe→CeFeO$_3$ 制备[131]。在本实验中，CeFeO$_3$ 的形成应该遵循同样的反应路径，因为循环过程中 CeO$_2$、Fe$_2$O$_3$ 和 Fe 同时存在。然而，我们的研究发现 CeFeO$_3$ 在 redox 循环过程中并不稳定，循环之后 CeFeO$_3$ 分解为 Fe$_2$O$_3$ 和

CeO$_2$。在这种情况下，本实验中 CeFeO$_3$ 能够稳定存在于 redox 循环中应该是由于 CeO$_2$、Fe$_2$O$_3$、Fe 和 CeFeO$_3$ 的共存造成，因为分解的 CeFeO$_3$ 可通过反应 3CeO$_2$＋Fe$_2$O$_3$＋Fe→CeFeO$_3$ 重新生成，从而达到动态平衡。

对于含铈材料，表面 Ce^{3+} 一般被认为是其参与化学反应的活性位，因为反应气体或催化中间体容易与其产生交互作用[1]。我们的研究表明 CeFeO$_3$ 表面含有丰富的 Ce^{3+}，这种情况下 CeFeO$_3$ 可以作为催化剂活化氢气或材料中的晶格氧，从而提高循环后铁铈复合氧化物的还原性能。也就是说，CeFeO$_3$ 的形成且在循环过程能够稳定存在是 Ce20/Fe80 样品具有较好的循环性能和储氧能力的关键。

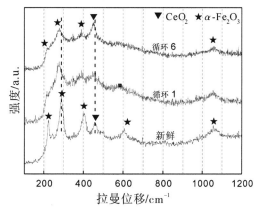

图 4-23　Redox 循环对 Fe$_2$O$_3$（A）和 Ce20/Fe80（B）Raman 光谱图的影响

图 4-23 为 Ce20/Fe80 样品在 redox 循环前后的 Raman 图谱。如图所示，Fe$_3$O$_4$ 和 Fe 等利用 XRD 分析可观察到的晶相，利用 Raman 却观察不到。这应该主要是由于 Fe 金属对 Raman 光谱不敏感，而 Fe$_3$O$_4$ 含量又较低。值得注意的是，循环之后 α-Fe$_2$O$_3$ 的 Raman 峰逐渐宽化、弱化而且向低波束偏移。这说明 redox 循环导致 α-Fe$_2$O$_3$ 颗粒减小以及表面应力或缺陷的形成，如基于图 4-17 的讨论。这一变化应该是 Ce20/Fe80 样品在 redox 循环过程中较高的还原性能的原因之一。另一方面，CeO$_2$ 对应的 Raman 峰在循环后出现了红移，这应该与 CeFeO$_3$ 的形成导致 Ce^{3+} 浓度较高有关[9]。

上述研究表明，将 CeO$_2$ 与 Fe$_2$O$_3$ 结合可以提高材料的储氧能力和 redox 循环稳定性。循环过程中 CeFeO$_3$ 的形成及其与 Fe、Fe$_2$O$_3$ 和 CeO$_2$ 共存的状态是使铁铈复合氧化物具有较高循环稳定性的重要因素。

4.4　载体的影响

γ-Al$_2$O$_3$ 又称活性氧化铝，由于其孔结构、表面酸性等均具有极强的可调性，其作为催化剂载体在催化氧化和环境催化领域都有重要应用。SBA-15 是一种具有高比表面积、大孔容和窄孔径分布的介孔硅材料，其作为催化剂载体也被广泛研究。SiC 拥有高的热稳定性和化学惰性，大比表面积的 SiC 是一种理想的非氧化物催化剂载体。本节利用的 γ-Al$_2$O$_3$、SBA-15 和 SiC 载体的比表面积分别为 167 m^2/g、501 m^2/g 和 71 m^2/g。

4.4.1　结构表征

图 4-24 为纯 $\gamma\text{-Al}_2\text{O}_3$ 和 $\gamma\text{-Al}_2\text{O}_3$ 负载的 20％的 Ce20/Fe80 样品在 600 ℃和 800 ℃焙烧后的 XRD 图谱。由图可知，纯的 $\gamma\text{-Al}_2\text{O}_3$ 载体显示出典型的 $\gamma\text{-Al}_2\text{O}_3$ 的衍射峰且峰型有明显宽化现象，表面材料粒径较小。采用沉淀浸渍法负载 Ce20/Fe80 样品后，600 ℃焙烧的样品上（Ce20/Fe80/$\gamma\text{-Al}_2\text{O}_3$-600）$\alpha\text{-Fe}_2\text{O}_3$ 和 CeO_2 的衍射峰隐约可见，800 ℃焙烧后两氧化物衍射峰都增强，说明升高焙烧温度导致 $\alpha\text{-Fe}_2\text{O}_3$ 和 CeO_2 颗粒缓慢长大。

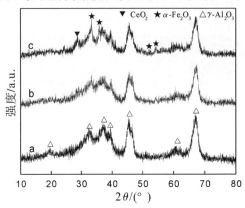

图 4-24　(a) $\gamma\text{-Al}_2\text{O}_3$、(b) Ce20/Fe80/$\gamma\text{-Al}_2\text{O}_3$-600 和(c) Ce20/Fe80/$\gamma\text{-Al}_2\text{O}_3$-800 的 XRD 图谱

图 4-25 为纯 SiC 载体和 SiC 负载的 20％的 Ce20/Fe80 样品分别在 600 ℃和 800 ℃焙烧后的 XRD 图谱。由图可知，制备过程中的硅原料 SiO_2 残留在产物中使所得 SiC 并不纯。负载 Fe_2O_3 和 CeO_2 复合物后，600 ℃和 800 ℃焙烧的样品上都未发现 Fe_2O_3 和 CeO_2 的衍射峰，这种现象可能是两种氧化物高分散地分布在载体上所致。

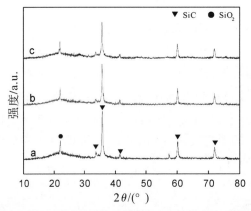

图 4-25　(a) SiC、(b) Ce20/Fe80/SiC-600 和(c) Ce20/Fe80/SiC-800 的 XRD 图谱

图 4-26 为纯 SBA-15 载体和 SBA-15 负载的 20％的 Ce20/Fe80 样品在 600 ℃和 800 ℃焙烧后的 XRD 图谱。SBA-15 为有序介孔材料，广角 XRD 图谱显示其在 23°附近出现一个介孔结构的宽衍射峰。负载铁钸氧化物后，宽衍射峰的强度明显降低，说明有氧化物进入到材料孔道中。与 SiC 负载的样品类似，600 ℃和 800 ℃焙烧的样品上都未发现 Fe_2O_3 和 CeO_2 的衍射峰，说明钸铁氧化物在 SBA-15 载体上实现了高分散，且高焙烧结

不能导致材料凝聚烧结。

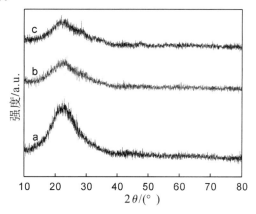

图 4-26　(a) SBA-15；(b) Ce20/Fe80/SBA-15-600 和 (c) Ce20/Fe80/SBA-15-800 的 XRD 图谱

　　XRD 的分析表明，γ-Al₂O₃、SBA-15 和 SiC 作为载体都能够使铈铁复合氧化物在其表面或孔道中实现高分散，且在高温焙烧时依然稳定。

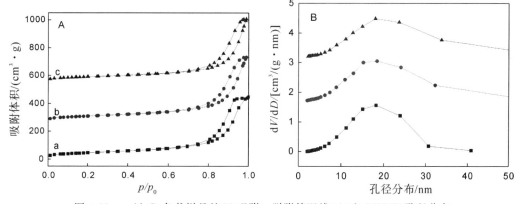

图 4-27　γ-Al₂O₃ 负载样品的 N₂ 吸附—脱附等温线 (A) 和 BJH(B) 孔径分布

　　图 4-27 为纯 γ-Al₂O₃ 和 γ-Al₂O₃ 负载的 20% 的 Ce20/Fe80 样品在 600 ℃ 和 800 ℃ 焙烧后的 N₂ 吸附—脱附等温线和 BJH 孔径分布。如图 4-27A 所示，γ-Al₂O₃ 表现出 IV 型 N₂ 吸附—脱附等温线，表明材料中有介孔存在。在 $p/p_0 = 0.8 \sim 1$ 的范围内，吸附量急剧增加，脱附之后形成一个滞后环，说明材料的孔径较大。图 4-27B 中 BJH 孔径分布表明，孔径集中在 16 nm 左右。负载 Ce20/Fe80 样品后，N₂ 吸附—脱附等温线没有明显变化，BJH 孔径分布略微向大孔径方向移动，孔容却由 0.68 mL/g 微升至 0.72 mL/g。这说明铈铁氧化物不但未堵塞 γ-Al₂O₃ 负载的孔道，而且有可能形成新的堆积孔。800 ℃ 焙烧后 N₂ 吸附—脱附等温线、BJH 孔径分布和孔容均未明显变化，说明材料的孔道结构在高温非常稳定。

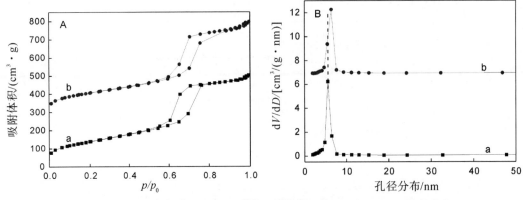

图 4-28　SBA-15 负载样品的 N₂ 吸附－脱附等温线（A）和 BJH（B）孔径分布

SBA-15 载体的 N₂ 吸附－脱附等温线亦为 IV 型（如图 4-28 所示），滞后环出现在 0.6 ～0.8 范围内，这是典型的具有规整孔道介孔材料的特征 N₂ 吸附－脱附曲线。添加铁铈复合氧化物后，滞后环的对称性增强且略微向高比压方向移动，BJH 孔径分布也略微增大，这可能是由于铁铈复合氧化物覆盖部分小孔，从而导致平均孔径增大且材料中的孔径分布更加均匀。此外，与 γ-Al₂O₃ 载体类似，SBA-15 在负载铁铈样品后孔容由 0.80 mL/g 微升至 0.82 mL/g。

SiC 载体的 N₂ 吸附－脱附等温线与 γ-Al₂O₃ 载体类似（如图 4-29 所示），只是其最大吸附容量较低，说明孔容较小。整体而言（如图 4-29B 所示），SiC 载体的孔径集中在 15 nm，孔容为 0.28 mL/g，比表面积为 71 m²/g。负载铁铈复合氧化物后，600 ℃ 焙烧的样品，比表面积升至 90 m²/g，孔容增至 0.31 mL/g，说明添加铈铁氧化物后有利于材料的织构性质。800 ℃ 焙烧后，比表面积微降至 76 m²/g，孔容为 0.29 mL/g，仍高于纯 SiC 载体。

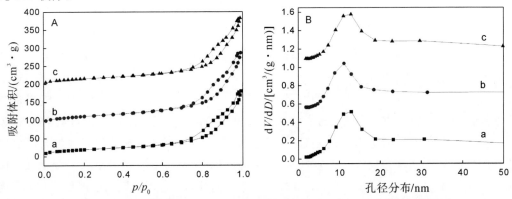

图 4-29　SiC 负载样品的 N₂ 吸附－脱附等温线（A）和 BJH（B）孔径分布

4.4.2　还原性能

图 4-30 为不同载体样品的 H₂-TPR 图，为了便于比较，600 ℃ 和 800 ℃ 焙烧的纯 Ce20/Fe80 样品的 TPR 图也同时列出。纯 Ce20/Fe80 样品的 TPR 图谱中有四个还原峰（δ、α、β 和 γ）。如前文分析，α、β 和 γ 峰代表 Fe₂O₃ 的分步还原过程，而 δ 峰为材料表

面铈氧化物的还原。对于 γ-Al₂O₃ 负载的样品(图 4-30c 和 4-30d),其在 100 ℃左右出现一个负峰,应该为吸附水的脱附。200 ℃之后其还原过程亦可分为单个部分,随着还原温度的升高对应于 Fe₂O₃ 的分级还原,因为 CeO₂ 的含量过低,所以观察不到 CeO₂ 的还原峰。对比图 4-30c 和 4-30d 可以发现,800 ℃焙烧后样品的低温还原峰向高温偏移,应该对应于 XRD 所检测到的 Fe₂O₃ 晶粒的长大。

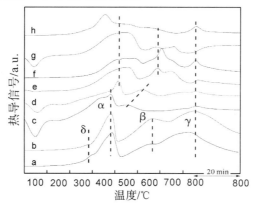

图 4-30　600 ℃和 800 ℃焙烧的 Ce20/Fe80 及不同载体样品的 TPR 图谱

对于 SiC 负载的样品(图 4-30e 和 4-30f),其还原过程也可分为三个部分,分别对应于 Fe₂O₃ 的分步还原。在低于 550 ℃的阶段,其还原峰非常宽广,说明 Fe³⁺ 在 SiC 载体上的表面还原过程对温度不敏感。而在 550 ℃至 750 ℃的中温阶段,其出现了两个较为尖锐的还原峰(800 ℃焙烧后,这两个峰更为尖锐),说明亚表面 Fe₂O₃ 的还原完全由反应温度控制。这一现象可能与铁铈物种和 SiC 的特殊结合状态有关。

600 ℃焙烧的 SBA-15 负载样品(图 4-30g 和 4-30h)的还原过程也可对应于 Fe₂O₃ 的分布还原过程。其低温还原过程与 SiC 负载的样品类似,说明 SBA-15 上 Fe₂O₃ 的还原过程较缓慢且受温度影响不大。与 SiC 负载的样品不同的是,SBA-15 负载样品的中温还原峰非常微弱,说明大部分氧都已经在低温过程消耗。800 ℃焙烧后,低温还原峰显著尖锐化,但却向低温偏移。这应该也与载体上 Fe₂O₃ 的晶粒生长有关,也说明 SBA-15 载体上结晶度较高的 Fe₂O₃ 更易被还原。

比较三种载体,600 ℃焙烧样品中 γ-Al₂O₃ 作为载体可得到最低的还原温度。800 ℃焙烧后 SBA-15 负载样品的还原温度最低。但就储氧能力而言,三种载体复合的样品排列顺序是 SiC(0.47 mmol/g)＞γ-Al₂O₃(0.25 mmol/g)＞SBA-15(0.21 mmol/g)。

4.4.3　Redox 性质

通过 H₂-TPR/OSC 氧气脉冲,我们研究了 800 ℃焙烧的 SiC 和 γ-Al₂O₃ 负载样品的 redox 循环性能。如图 4-31 所示,与新鲜样品相比,redox 循环之后两类样品的还原峰都向低温显著偏移,且高温还原峰都削弱。对于 SiC 负载的样品,其 500 ℃左右的中温峰显著增强,而 γ-Al₂O₃ 负载样品在低于 400 ℃的低温还原峰占据明显优势。

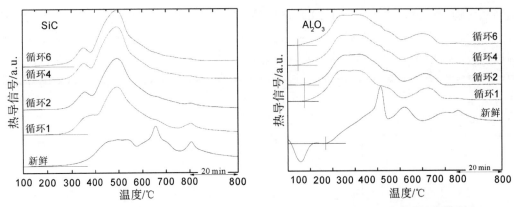

图 4-31　Redox 循环对 Ce20/Fe80/γ-Al₂O₃-800 和 Ce20/Fe80/SiC-800 还原性能的影响

值得注意的是，redox 循环之后 SiC 负载样品的 TPR 图谱与图 4-20 中纯 Ce20/Fe80 样品循环后的 TPR 图谱类似，二者都含有两个还原峰且高温峰较强，所不同的是，SiC 负载样品对应还原峰的峰温远远低于纯 Ce20/Fe80 样品。这说明，redox 循环后 SiC 载体上的铁铈物种的存在形式应该与纯 Ce20/Fe80 类似，这点可由图 3-2 中 SiC 负载样品经循环之后的 XRD 图谱(图 3-2f)中同样出现的 Fe_3O_4 和 Fe 的衍射峰证实(与纯 Ce20/Fe80 样品循环后的 XRD 图谱一致)。载体的存在使循环后的铁铈复合氧化物颗粒较小而容易被还原，造成还原温度较低。

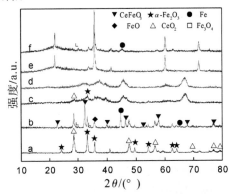

图 4-32　Redox 循环对 Fe_2O_3-800；Ce20/Fe80/γ-Al₂O₃-800 和
Ce20/Fe80/SiC-800 XRD 图谱的影响

与 SiC 负载样品不同，redox 循环后 γ-Al₂O₃ 负载样品在低至 100 ℃的条件下即可被还原，且低温还原峰为 TPR 图谱的主峰，说明循环后材料中的氧更易在低温被还原。这一点也可由铈铁物种在循环过程中的结构演变所证实。如图 4-32 所示，redox 循环之后在新鲜样品上可以观察到的 CeO_2 和 Fe_2O_3 消失了，且没有发现铈铁物种的任何晶相。这一现象很可能是由 redox 循环导致铁铈复合氧化物更好地分散在 γ-Al₂O₃ 负载表面与载体形成了更强的相互作用所致，因为 XRD 技术对高分散的颗粒不敏感。这说明，γ-Al₂O₃ 载体与铁铈复合氧化物的相互作用可由 redox 循环增强，从而使该材料具有优越的 redox 循环性能。还需指出的是，所有负载样品的储氧能力在 redox 循环过程中都没有明显降低。

4.5　本章小结

本章系统研究了 CeO_2 修饰的 Fe_2O_3 基复合氧化物自沉淀至焙烧过程中的结构演变。深入考察了不同焙烧温度条件下材料的还原特征和高温 redox 循环稳定性，讨论了 CeO_2 在还原和 redox 循环过程中的角色，得出了以下结论：

（1）沉淀过程中 Ce^{4+} 的存在可以改变 Fe^{3+} 的沉淀路径，适量铈的添加有利于沉淀出 α-FeO(OH) 棒，而且其在焙烧分解后依然能保持棒状。低温焙烧过程中，部分 Ce^{4+} 可以进入 Fe_2O_3 晶格形成铁基固溶体，而 CeO_2 也能进入 CeO_2 晶格形成铈基固溶体，但这两类固溶体在高温焙烧时都不稳定。整体上，CeO_2 颗粒大多以单个晶粒分散在氧化铁基体上，即便经过 800 ℃焙烧也不会聚集结块，同时氧化铈的存在还能抑制 Fe_2O_3 颗粒的生长，显出较高的热稳定性。

（2）CeO_2 在 Fe_2O_3 基体上的高分散性使其可以在低于 400 ℃条件下还原。Fe_2O_3 的体相还原与其晶粒大小密切相关。铈铁氧化物间的简单接触同样能够促进 Fe_2O_3 的还原，CeO_2 分散于 Fe_2O_3 基体时与 Fe_2O_3 形成的界面层以及 CeO_2 存在抑制了 Fe_2O_3 颗粒的生长等特性是 Fe_2O_3 基复合氧化物在高温焙烧后依然具有较高低温还原能力的关键因素。

（3）利用 γ-Al₂O₃、SBA-15 或 SiC 作为载体时，其对铁铈复合氧化物低温还原能力的促进作用并不显著。然而，以 γ-Al₂O₃ 和 SiC 作为载体的样品，redox 循环可显著增强材料的低温还原性能，特别是以 γ-Al₂O₃ 负载的样品，redox 循环后其可在低至 100 ℃的条件下还原，至 400 ℃时主还原过程已基本完成，显示了优越的 redox 循环性能。

第 5 章　铈基掺铁复合氧化物化学链部分氧化 CH_4 性能

CH_4 是一种重要的能量存在形式，将其经合成气(CO 和 H_2 的混合物)转化为液体燃料或其他化学品是 CH_4 利用的重要途径[132]。化学链部分氧化 CH_4 制合成气是利用固体氧化物的 redox 性能将 CH_4 转化为合成气而避免 CH_4 与 O_2 直接接触的一种新方法[133,134]。具体而言，该方法利用氧化物(氧载体)作为氧化剂直接将 CH_4 高选择性地氧化为合成气，失去晶格氧的氧载体可以通过空气再生重新获得晶格氧，从而实现循环利用。与单纯的催化部分氧化法(POM)相比，该工艺采用空气代替纯氧且避免生成合成气被 N_2 稀释，可以较大幅度地降低合成气的生产成本，CH_4 和空气分开进料的方式能有效地避免传统 CH_4 部分氧化存在的爆炸危险。这些优势使其成为 CH_4 制合成气领域的研究热点[70,135-144]。而实现这一工艺的关键是制备一种活性和选择性高、redox 性能优越的氧载体。

由于 CeO_2 和铈基材料拥有较高的储氧能力和丰富的氧空位[1]，有研究者提出利用铈基复合氧化物(如 Ce-Zr-O 和 Ce-Sm-O)作为 CH_4 部分氧化的氧载体[136,137,145-147]。结果证明，在贵金属(如 Pt or Rh)存在的条件下，铈基氧载体可将 CH_4 转化为 H_2/CO 比例为 2.0 的合成气。这表明，氧载体必须有活化 CH_4 和储氧双功能。我们第三章的实验表明，铈铁复合氧化物具有较强的储氧能力、较高的 redox 稳定性和强烈的铈铁交互作用。另外，有报道显示，载体型的金属铁催化剂有较强的活化 CH_4 和催化 CH_4 裂解能力[148,149]，并且铁物种还有吸附 CH_4 的特性[150]。因此我们推测，铈铁复合氧化物在科学和技术上都有作为氧载体应用于化学链部分氧化 CH_4 工艺的潜力。

本章制备一系列铈铁复合氧化物，通过考察材料的结构特征，研究其作为氧载体部分氧化 CH_4 性能的构效关系，结合验证性实验揭示铈、铁物种在氧载体部分氧化 CH_4 过程中所扮演的角色，探索其反应机理。最后，在 CH_4/O_2 气氛下进行连续 redox 实验，并将铈铁材料与铈锆复合氧化物进行对比，连续考察铈铁复合氧化物在真实反应环境中的实用价值。

5.1　铈铁组分对反应性能的影响

5.1.1　物化性能表征

图 5-1 是采用共沉淀法制备的不同 Ce/Fe 比例的 $Ce_{1-x}Fe_xO_{2-\delta}$ 复合氧化物的 XRD 图谱。由图可知，纯 CeO_2 和 $Ce_{0.9}Fe_{0.1}O_{2-\delta}$ 都只能观察到典型萤石结构的衍射峰，自 $Ce_{0.8}Fe_{0.2}O_{2-\delta}$ 开始，在 35°附近 α-Fe_2O_3(110)晶面的衍射峰开始显现，随着铁含量的增加对应于 α-Fe_2O_3 其他晶面(012、113、024、116、214、300)的衍射峰也逐渐出现并不断

增强。纯 Fe$_2$O$_3$ 样品则完全表现出 α-Fe$_2$O$_3$ 的衍射峰。这表明，除 Ce$_{0.9}$Fe$_{0.1}$O$_{2-\delta}$ 形成纯粹固溶体外，其他复合氧化物都是 CeO$_2$ 和 α-Fe$_2$O$_3$ 共存的状态。

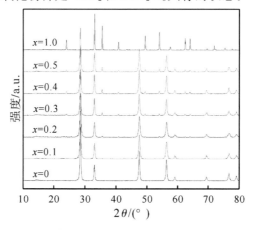

图 5-1　Ce$_{1-x}$Fe$_x$O$_{2-\delta}$ 氧载体的 XRD 图谱（$x=0$，0.1，0.2，0.3，0.4，0.5，1）

由 XRD 得到的 CeO$_2$ 晶格常数表明，当 Fe$_2$O$_3$ 加入到 CeO$_2$ 体系中后 CeO$_2$ 的晶格参数略微减小，至 Ce$_{0.8}$Fe$_{0.2}$O$_{2-\delta}$ 时达到最小，然后随着 Fe 含量的增加逐渐恢复到与纯 CeO$_2$ 相当的水平。CeO$_2$ 的晶胞收缩应该是由半径较小的 Fe^{3+} 进入 CeO$_2$ 晶格引起，是固溶体形成的有力证据。随着铁含量的增加，CeO$_2$ 的晶胞逐渐收缩消失说明高温焙烧后（800 ℃）铈铁固溶体只能在低铁含量的复合氧化物中存在，这与第 3 章中的研究结果一致。Li 等[9] 报道认为，苛刻的制备条件下 CeO$_2$ 中 Fe^{3+} 的最大掺杂量为 15%，我们推测本实验中 Ce$_{0.8}$Fe$_{0.2}$O$_{2-\delta}$ 中 Fe 的掺杂量应该也在 15% 左右。还需指出的是，与纯 CeO$_2$ 相比，形成固溶体的样品（Ce$_{0.9}$Fe$_{0.1}$O$_{2-\delta}$ 和 Ce$_{0.8}$Fe$_{0.2}$O$_{2-\delta}$）中 CeO$_2$ 的晶粒度较小，而未形成固溶体样品对应的这一差距缩小，说明铈铁固溶体的形成有利于抑制 CeO$_2$ 晶粒在高温焙烧过程中的长大趋势。

表 5-1　Ce$_{1-x}$Fe$_x$O$_{2-\delta}$ 氧载体中 CeO$_2$ 和 Fe$_2$O$_3$ 的结构参数

氧载体	CeO$_2$ 晶粒大小 /nm	晶格常数/nm		
		CeO$_2$	Fe$_2$O$_3$	
		a	a	c
CeO$_2$	23	0.5413	—	—
Fe$_2$O$_3$	—	—	0.5046	1.3807
Ce$_{0.9}$Fe$_{0.1}$O$_{2-\delta}$	17	0.5403	—	—
Ce$_{0.8}$Fe$_{0.2}$O$_{2-\delta}$	16	0.5392	0.5041	1.3799
Ce$_{0.7}$Fe$_{0.3}$O$_{2-\delta}$	19	0.5395	0.5046	1.3801
Ce$_{0.6}$Fe$_{0.4}$O$_{2-\delta}$	21	0.5411	0.5045	1.3814
Ce$_{0.5}$Fe$_{0.5}$O$_{2-\delta}$	21	0.5410	0.5045	1.3813

XPS 技术是考察材料表面元素状态的有力手段。图 5-2 为 CeO$_2$ 和 Ce$_{0.8}$Fe$_{0.2}$O$_{2-\delta}$ 氧载体 Ce 3d XPS 对比图谱，通过分峰拟合可以分析 Ce 元素的氧化状态。纯 CeO$_2$ 的 Ce 3d XPS 曲线呈现出三对 3d$_{5/2}$-3d$_{3/2}$ 旋轨分裂峰（V-U，V″-U″和 V‴-U‴），代表着在光电效应最终状态中不同的 4f 构型，表明纯 CeO$_2$ 表面的铈元素为化学计量的四价状态[151]。对于

$Ce_{0.8}Fe_{0.2}O_{2-\delta}$氧载体，884.5（V′）和 904.6 eV（U′）新峰的出现表明材料中有 Ce^{3+} 存在[152]，应该是由铁离子的掺杂导致。

　　CeO_2 和 $Ce_{0.8}Fe_{0.2}O_{2-\delta}$ 氧载体的 O1s XPS 对比图谱在图 5-3 中示出。如图所示，两个样品的 O1s 曲线都由一个主峰和一个肩峰组成：能在 529.5 eV 附近的主峰可归结为氧载体中的晶格氧物种，而在 532.0 eV 附近的肩峰可归结为非稳态氧物种[41]。在进行分峰拟合的时候我们发现，当将 O1s 曲线拟合为两个峰的时候，肩峰的半高宽过大（2.8～3.2 eV），远远大于主峰的 1.9～2.3 eV，这表明肩峰应该是由不同的氧物种组成。Holgado 等[153]认为铈基材料的 XPS 图谱中结合能在 531.0～533.0 eV 范围内的峰与氧缺陷或表面氧物种（如过氧化物和或超氧化物）的出现有关。还有报道认为 531.0 eV 和 533.0 eV 附近的峰可被归结为与低价铈离子结合的羟基或吸附的含氧物种有关[83,154,155]。鉴于上述分析，我们将 CeO_2 和 $Ce_{0.8}Fe_{0.2}O_{2-\delta}$ 氧载体的 O1s XPS 拟合为分别在 529.5 eV（O_I）、531.5 eV（O_{II}）和 533.0 eV（O_{III}）的三个峰。根据结合能的增加，它们分别对应为晶格氧、缺陷氧和表面弱吸附氧。由图可知，与纯 CeO_2 相比，$Ce_{0.8}Fe_{0.2}O_{2-\delta}$ 氧载体 O_{II} 峰明显升高，说明 Fe 的掺杂导致材料中缺陷氧含量增加，这与图 5-2 所示的 Ce^{3+} 的出现相对应。还需指出的是，添加 Fe_2O_3 后，O_{III} 峰的强度显著降低，意味着吸附氧的含量降低，这可能是 $Ce_{0.8}Fe_{0.2}O_{2-\delta}$ 氧载体的比表面积较小所致（12.7 m^2/g vs 20.4 m^2/g）。

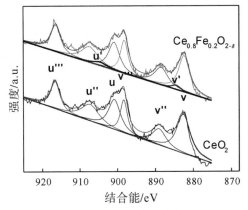

图 5-2　CeO_2 和 $Ce_{0.8}Fe_{0.2}O_{2-\delta}$ 氧载体的 Ce3d XPS 图谱

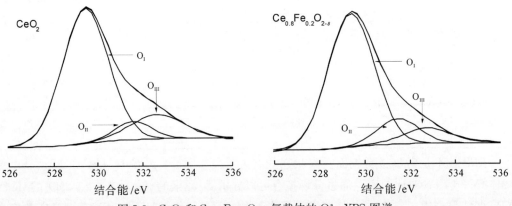

图 5-3　CeO_2 和 $Ce_{0.8}Fe_{0.2}O_{2-\delta}$ 氧载体的 O1s XPS 图谱

图 5-4 为 $Ce_{1-x}Fe_xO_{2-\delta}$ 氧载体的 H_2-TPR 图谱。如图所示，纯 CeO_2 在 145 ℃、340 ℃ 和高于 700 ℃时出现了三个还原峰，其中低温段的峰非常不明显，高温还原峰较强。这三个峰应该分别归属为表面吸附氧、表面晶格氧和体相晶格氧的还原[156]。纯 Fe_2O_3 的形成一般被认为是分步还原过程，首先 Fe_2O_3 在较低温度条件下被还原为 Fe_3O_4，然后在高温环境下 Fe_3O_4 被继续还原为 Fe，本实验中 Fe_2O_3 样品的还原正对应于此过程[103,157]。

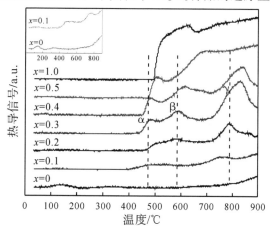

图 5-4　$Ce_{1-x}Fe_xO_{2-\delta}$(x=0、0.1、0.2、0.3、0.4、0.5 和 1)氧载体的 H_2-TPR 图谱

如图 5-4 中插图所示，$Ce_{0.9}Fe_{0.1}O_{2-\delta}$ 的 TPR 图谱与纯 CeO_2 完全不同，其在低于 800 ℃ 的温度范围内出现了两个明显的还原峰。由于 XRD 显示 $Ce_{0.9}Fe_{0.1}O_{2-\delta}$ 纯铈铁固溶体，这两个峰应该分别归属为表层和亚表层铈铁离子的还原。这一现象说明铈铁固溶体的形成可使 CeO_2 还原峰显著降低。其他铈铁复合氧化物的 TPR 图谱都显示出三个还原峰，分别出现在 480 ℃(α)、590 ℃(β)和 800 ℃(γ)附近。α 峰的强度随铁含量的增加而持续增强且变得尖锐化，这与 XRD 检测 α-Fe_2O_3 衍射峰的强度变化趋势一致。因此，α 峰应该与表面 Fe_2O_3 的还原有关。β 峰与 α 峰结合紧密，但随着铁含量的增加二者的结合度逐渐减弱，当 Fe_2O_3 含量增至 50%时($Ce_{0.5}Fe_{0.5}O_{2-\delta}$)，其峰型与纯 Fe_2O_3 相似。由于铁含量的增加导致固溶体消失，这说明 β 峰对固溶体的形成非常敏感。有报道认为，在铈铁复合氧化物还原过程中，孤立的 Fe_2O_3 可在低温首先还原，而由于铈铁间强烈的交互作用，随着温度的升高铈铁物种的重叠还原随即发生[24,56,158]。因此可以推测，对于含有固溶体的样品($Ce_{0.9}Fe_{0.1}O_{2-\delta}$ 和 $Ce_{0.8}Fe_{0.2}O_{2-\delta}$)，$\beta$ 峰应该对应于固溶体中铈铁离子的重叠还原。对于没有形成固溶体的样品，β 峰则主要对应于 Fe_2O_3 颗粒的持续还原并伴随有 CeO_2 的表面还原。γ 峰则应归属为铈铁氧化物的体相还原。

我们还注意到，对于纯固溶体的 $Ce_{0.9}Fe_{0.1}O_{2-\delta}$ 样品，其低温还原峰较低，但高温还原峰却明显高于其他铈铁样品。随着表面 Fe_2O_3 颗粒的出现，样品的低温氧化能力(α 峰)并未明显减弱，但高温峰(γ 峰)却向低温偏移。然而，当铁含量超过 30%导致固溶体消失时，所有还原峰均又向高温偏移。这说明，在此系列铈铁复合氧化物中表面 Fe_2O_3 颗粒与铈铁固溶体共存的样品(如 $Ce_{0.8}Fe_{0.2}O_{2-\delta}$ 和 $Ce_{0.7}Fe_{0.3}O_{2-\delta}$)具有较强的还原能力。这一现象与第三章观察一致，原因主要可以归结为以下两点：一方面，表面分散较好的 Fe_2O_3 颗粒较易被还原，还原后的金属位形成氢溢流，促进了体相材料还原反应的进行；另一方面，表面铁物种与 CeO_2 形成的交互界面可以为材料中浅层氧的溢出提供路径，而固溶体的形成又提高了晶格氧的迁移性。

5.1.2 与 CH_4 的反应性能

图 4-3 为 CH_4 与 $Ce_{1-x}Fe_xO_{2-\delta}$ 氧载体程序升温反应中 CH_4 转化率与温度的关系曲线。由图可知，纯 CeO_2 和 $Ce_{0.9}Fe_{0.1}O_{2-\delta}$ 与 CH_4 的反应都随温度的升高而逐渐增强，所不同的是纯 CeO_2 对应的 CH_4 转化率升高速率很低，而 $Ce_{0.9}Fe_{0.1}O_{2-\delta}$ 对应的 CH_4 转化率升高非常迅速，且在各个温度下都高于纯 CeO_2 样品。其他铈铁样品对应的 CH_4 转化率与纯 CeO_2 的相比也都有较大提高（其中以 $Ce_{0.7}Fe_{0.3}O_{2-\delta}$ 最大），但其随温度的变化趋势与 CeO_2 和 $Ce_{0.9}Fe_{0.1}O_{2-\delta}$ 不同：它们对应的 CH_4 转化率都在 600～650 ℃ 范围内经历了一个微弱的下降过程后才开始迅速升高。纯 Fe_2O_3 和 CH_4 的反应过程与含铈样品相比也有很大不同：Fe_2O_3 对应 CH_4 转化率随反应进行（反应温度升高）而迅速升高并在 650 ℃ 达到峰值，然后下降一段时间后又开始慢慢升高。在反应温度大于 725 ℃ 时，Fe_2O_3 对应的 CH_4 转化率远小于铈铁样品，且温度越高这一差距越大。

$Ce_{1-x}Fe_xO_{2-\delta}$ 氧载体与 CH_4 的反应现象必须结合 XRD、XPS 和 TPR 的表征结果来分析。$Ce_{1-x}Fe_xO_{2-\delta}$ 氧载体较强的还原能力在 TPR 中表现得非常明显，这主要归因于铈铁氧化物间强烈的相互作用。具体而言，固溶体的形成增强了 CeO_2 晶格氧的活动能力，而表面分散较好的 Fe_2O_3 粒子的存在又为固溶体中深层晶格氧向外扩散提供了路径。纯 Fe_2O_3 的 CH_4 转化率在 600～725 ℃ 有一个峰，对应于 TPR 过程中 Fe_2O_3 被还原为 Fe_3O_4 的过程，这说明纯 Fe_2O_3 中表层 Fe_2O_3 的还原较为容易，而深层氧的还原要在较高温度下才能进行。表层氧在低温消耗后而温度又未达到深层氧反应的要求，这就导致 CH_4 转化率在低温升高后遭遇一个降低的过程。XRD 的检测结果表明除 $Ce_{0.9}Fe_{0.1}O_{2-\delta}$ 之外的其他 Ce-Fe 样品上都有 Fe_2O_3 晶相，因此可以推测这些样品对应的 CH_4 转化率在低温阶段有个微弱的下降过程，与表面 Fe_2O_3 在低温参与反应有关：表面 Fe_2O_3 在低温与 CH_4 快速反应而体相氧活性较低还不能参与反应，造成 CH_4 转化率降低。而表面不存在 Fe_2O_3 的纯 CeO_2 和 $Ce_{0.9}Fe_{0.1}O_{2-\delta}$ 样品对应的 CH_4 转化率没有这个下降的过程也可从侧面证实这一推测。

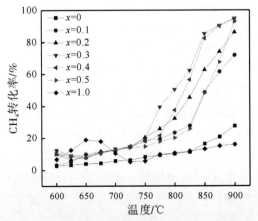

图 5-5　$Ce_{1-x}Fe_xO_{2-\delta}$ 氧载体与 CH_4 的程序升温反应中的 CH_4 转化率

值得关注的是，750 ℃之后不同的铈铁氧载体对应的 CH_4 转化率与 TPR 图谱中的 γ 峰的峰面积关系密切。从图 5-4 可以看出 $Ce_{0.7}Fe_{0.3}O_{2-\delta}$ 对应的 γ 峰面积最大，同时其 CH_4 转化率也最大(图 5-5)。因为 γ 峰代表铈铁样品中体相氧的还原，这说明较高温度时体相氧是部分氧化 CH_4 的主要氧源。但需要强调的是，尽管纯 Fe_2O_3 的高温还原峰很强且非常宽广，表面具有丰富的晶格氧含量，但是其对应的 CH_4 转化率也远低于复合氧化物。这说明单纯的 Fe_2O_3 中的氧与 CH_4 的反应性较弱，而铈铁的交互作用应该在 CH_4 与铈铁样品的反应过程中起着重要作用。

还需指出的是，与纯 CeO_2 相比，铈铁复合氧化物对应的 CH_4 转化率在 750 ℃之后迅速升高，这一方面与铈铁复合氧化物随温度升高其还原能力提高有关，另一方面表面铈铁物种的还原也可能产生了某种活性物种，促进了 CH_4 与氧载体中晶格氧的反应。比较纯 CeO_2 和 Fe_2O_3 与 CH_4 的反应，高温阶段 Fe_2O_3 对应的 CH_4 转化率较低，说明 CeO_2 对 CH_4 的反应性强于 Fe_2O_3，这应该是 Fe 含量过高时铈铁样品对应 CH_4 转化率反而下降的原因。

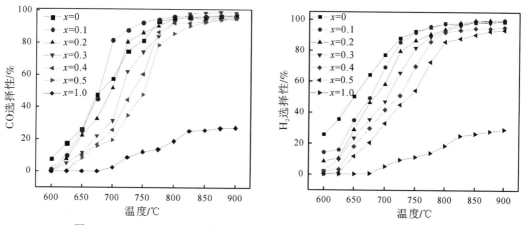

图 5-6　$Ce_{1-x}Fe_xO_{2-\delta}$ 氧载体与 CH_4 的程序升温反应中的 CO 和 H_2 选择性

图 5-6 为 CH_4 与 $Ce_{1-x}Fe_xO_{2-\delta}$ 氧载体程序升温反应产物气中 CO 和 H_2 选择性随温度变化图。如图所示，所有样品对应的 CO 选择性在起始阶段都很低，但随温度升高迅速提高。纯 CeO_2 和 Fe_2O_3 对应的 CO 选择性差距非常大，800 ℃之后 CeO_2 对应的 CO 选择性保持在 95% 以上，而 Fe_2O_3 对应的 CO 选择性却只有 25% 左右，说明 CeO_2 倾向于部分氧化 CH_4 而 Fe_2O_3 更易完全氧化 CH_4 反应生成 CO_2 和 H_2O，这与文献报道的现象一致[17,133,136,159]。对于铈铁复合样品，只有 $Ce_{0.9}Fe_{0.1}O_{2-\delta}$ 和 $Ce_{0.8}Fe_{0.2}O_{2-\delta}$ 样品在某些温度段的 CO 选择性比纯 CeO_2 高，而其他铈铁样品对应的 CO 选择性都低于纯 CeO_2。整体上，Fe 含量越高，CO 选择性越低，这应该是 Fe_2O_3 容易造成 CH_4 完全氧化引起。

氧化物上一般都含有低温高活性的表面氧和高温高活性的晶格氧[160]。CH_4 在 Ce-Sm-O 上的 CH_4-TPR 反应中，表面氧在低温被消耗并伴随着 CO_2 的生成，而 CO 则在高温才开始出现[147]。对于纯 CeO_2，CO 和 H_2 也在表面氧被还原完成后才成为主要产物[146]。反应一开始，表面吸附氧首先与 CH_4 接触，吸附氧的氧化能力较强容易将 CH_4 完全氧化为 CO_2，从而导致低温时 CO 选择性较低。随着吸附氧的消耗，温度升高之后晶格氧开始参与反应，由于 CeO_2 的晶格氧具有选择性氧化 CH_4 的能力，因而随反应进行含铈样品对应的 CO 选择性逐渐升高。因为 Fe_2O_3 容易引起 CH_4 的完全氧化，这导致铁含量较高的样品对应的 CO 选择性较低。而对于 $Ce_{0.9}Fe_{0.1}O_{2-\delta}$ 和 $Ce_{0.8}Fe_{0.2}O_{2-\delta}$ 样品，铁含量较低且主要以固溶体形式存在于 CeO_2 晶格中，因而造成 CO 选择性的降低。与此相反，图 5-6 的现象还表明固溶体的形成能够在一定程度上提高产物种中 CO 的选择性。

H_2 选择性随温度和铁含量的变化趋势与 CO 选择性类似。所不同的是，所有样品（包括 $Ce_{0.9}Fe_{0.1}O_{2-\delta}$ 和 $Ce_{0.8}Fe_{0.2}O_{2-\delta}$）中 CeO_2 对应的 H_2 选择性最高，随着铁含量的增加 H_2 选择性持续下降。有研究认为，在 CH_4 与 CeO_2 的反应过程中，CH_4 在 CeO_2 上先解离为活化碳物种和 H 原子，H 原子的脱附并重组为 H_2 分子是整个过程的决速步骤[136]。铁的添加导致 H_2 选择性的降低现象说明铁物种可能抑制了 H 原子脱附，导致 H 原子还未来得及脱附重新组合为 H_2 分子就已被氧化为 H_2O，从而造成 H_2 选择性降低。

经计算表明，当温度高于 800 ℃ 时，所有样品对应的 H_2/CO 摩尔比值都接近于 2，即使对于 CO 选择性一直很低的纯 Fe_2O_3 也是如此。H_2 和 CO 为 CH_4 部分氧化产物，而 CO_2 和水是 CH_4 被完全氧化结果。低 CO 选择性和 $H_2/CO \approx 2$ 同时出现说明 CH_4 的部分氧化和完全氧化同时发生，且在完全氧化过程中 CO_2 和 H_2O 是直接反应产物而不是由 H_2 和 CO 再氧化生成。这一现象还说明，Fe_2O_3 中应该存在两种晶格氧，即可将 CH_4 完全氧化的强氧化性氧物种和具有选择性氧化能力的弱氧物种。原位的 XRD 检测可以解释这一现象，根据 Fe_2O_3 在 CH_4 气流中的物相分析并结合气体产物成分表明，CH_4 与 Fe_2O_3 的反应由三步完成($Fe_2O_3 \rightarrow Fe_3O_4 \rightarrow FeO \rightarrow Fe$)，$Fe_2O_3 \rightarrow Fe_3O_4$ 阶段生成的主要产物为 CO_2 和 H_2O，而 $FeO \rightarrow Fe$ 阶段主要产物为 CO 和 H_2，$Fe_3O_4 \rightarrow FeO$ 为过渡阶段[161]。这说明，对于铈铁复合氧化物与 CH_4 的反应过程中，CO 和 H_2 的生成也有铁氧化物的贡献。

总之，在程序升温反应中，CH_4 转化率、CO 和 H_2 选择性都随着反应温度的提高而提高，并且在温度大于 800 ℃ 时产物中的 H_2/CO 摩尔比值都接近于 2，这是费托合成和甲醇合成等后续工艺的理想比例。这表明，利用铈铁复合氧化物作为氧载体与 CH_4 反应制备合成气的技术必须在较高的温度才能进行。因此，我们在 850 ℃ 进行了 CH_4 与铈铁氧载体的恒温反应。

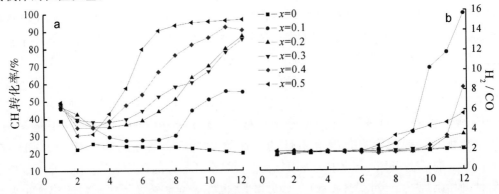

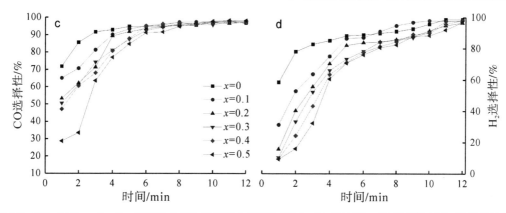

图 5-7　CH_4 与 $Ce_{1-x}Fe_xO_{2-\delta}$ 氧载体在 850 ℃ 反应中的转化率(a)、H_2/CO(b)、CO 选择性(c)和 H_2 选择性(d)

如图 5-6a 所示，在反应的初始阶段 CH_4 转化率在一个较高的水平，但随着反应进行迅速下降。然后，纯 CeO_2 样品对应的转化率持续缓慢下降而铈铁复合氧化物对应的转化率迅速升高。图 5-6c 和 d 所示的 CO 和 H_2 选择性则随反应进行单调增加，并最终稳定在90％以上。表 5-2 给出了不同样品对应的平均转化率、选择性和 H_2/CO 比例。在同一反应条件下，铈铁复合氧化物对应的转化率远远大于纯 CeO_2，且铁含量高的样品对应的转化率也越高。然而，还需注意，CO 和 H_2 的选择性则随铁含量的增加而降低。在 12 min的反应中，只有 CeO_2 和 $Ce_{0.7}Fe_{0.3}O_{2-\delta}$ 样品对应的产物中的 H_2/CO 比可维持在 2.0 附近，由于 $Ce_{0.7}Fe_{0.3}O_{2-\delta}$ 样品的 CH_4 转化率较高，这表明 $Ce_{0.7}Fe_{0.3}O_{2-\delta}$ 可以得到较高的合成气产率。如图 5-6b 所示，12 min 后其他样品对应的 H_2/CO 比都超过了 2.0，特别是 $Ce_{0.9}Fe_{0.1}O_{2-\delta}$ 和 $Ce_{0.5}Fe_{0.5}O_{2-\delta}$ 样品分别达到了 15.7 和 5.6。因为氧载体与 CH_4 反应生成的 H_2 和 CO 的理论比为 2.0，产物中这一比例较高意味着 CH_4 发生裂解。因此，当$H_2/CO>2.0$ 时的 CH_4 转化率主要由 CH_4 裂解贡献。

表 5-2　恒温反应中 $Ce_{1-x}Fe_xO_{2-\delta}$ 氧载体对应反应参数的平均值

氧载体	CH_4 转化率 /%	CO 选择性 /%	H_2 选择性 /%	$n(H_2):n(CO)$	Time of $n(H_2):n$ $(CO)\approx2$/min
CeO_2	24.2	92.3	87.3	1.89	12
$Ce_{0.9}Fe_{0.1}O_{2-\delta}$	38.9	89.8	81.0	4.81	7
$Ce_{0.8}Fe_{0.2}O_{2-\delta}$	52.5	86.6	74.0	2.11	10
$Ce_{0.7}Fe_{0.3}O_{2-\delta}$	54.0	85.3	71.3	1.95	12
$Ce_{0.6}Fe_{0.4}O_{2-\delta}$	62.6	85.1	68.9	2.61	10
$Ce_{0.5}Fe_{0.5}O_{2-\delta}$	71.4	79.6	66.1	3.04	8

如前文分析，CH_4 与氧载体的反应中 CO_2 和 H_2O 的生成主要有表面吸附氧和表面 Fe_2O_3 的参与，而 CO 的 H_2 生成则依赖于铈铁材料中的深层晶格氧（CeO_2 和 FeO）。由于表面氧活性较高，其消耗非常迅速，而体相氧的溢出以及其与 CH_4 反应受动力学条件的限制而比较缓慢，因此当表面氧大量消耗的时候会导致 CH_4 转化率的下降。而表面氧的消耗也是产物中 CO 和 H_2 选择性升高的原因。同时也正因为 Fe_2O_3 完全氧化 CH_4 的特性，Fe 含量越高的样品在反应初期的选择性越低，随着反应的进行，更多的深层晶格氧

（包括 CeO_2 和 FeO 中的氧）参与反应，导致 CO 和 H_2 选择性受 Fe 含量的影响变得微弱。

　　对于纯 CeO_2 样品，随着反应的进行其对应的 CH_4 转化率持续下降，应该归因于其有限晶格氧的持续消耗。而对于铈铁样品，CH_4 转化率略微下降之后又迅速上升意味着氧载体的表面物种（例如表面 Fe_2O_3）在 CH_4 还原时发生了改变，可能产生了活性物种从而有利于反应的进行。Shan 等[162]观察到表面 NiO 粒子和 Ce-Ni-O 固溶体间的协同作用显著提高了材料的催化活性。我们推测铈铁复合氧化物中也存在类似的协同作用，以促进 CH_4 的部分氧化。

　　研究表明，当 Fe_2O_3 在载体上与 CH_4 反应时，很快会被还原为 Fe 或 Fe_3C，而 Fe 和 Fe_3C 作为 CH_4 裂解的活性物种，将导致 CH_4 转化率上升[149,163]。Fathi 等研究了 Pt 和 Rh 存在时 CH_4 与 CeO_2 的反应。结果证明，Pt 和 Rh 对该反应的加速过程是通过改变反应路径来实现的：CH_4 先在 Pt 或 Rh 上活化为 C 或者 CH_x，这些物种的移动能力较弱不易从 CeO_2 表面脱附，所以更容易和 CeO_2 内溢出的晶格氧反应。在我们的反应体系中可能存在着相似的情况，当表面 Fe_2O_3 被还原为金属 Fe 后，CH_4 很可能在金属铁物种表面被活化解离为碳物种和 H 原子，当氧载体中有足够的活性氧能将积碳氧化为 CO 时，H 脱附后组合为 H_2 则生成了目标产物合成气，相反则导致 H_2/CO 比例的上升。由于 $Ce_{0.7}Fe_{0.3}O_{2-\delta}$ 氧载体中具有丰富的高活性晶格氧（TPR 及程序升温反应已证实），且同时其表面含有良好分散的 Fe_2O_3 颗粒，因此，表面铁物种既可充当 CH_4 活化的活性位又能与固溶体协同作用为体相氧的溢出提供路径。这一特性使 $Ce_{0.7}Fe_{0.3}O_{2-\delta}$ 氧载体具有最优的部分氧化 CH_4 性能。

　　为了对 $Ce_{0.7}Fe_{0.3}O_{2-\delta}$ 氧载体与 CH_4 的反应机理有更深入的认识，我们设计了一系列实验进行了分析证明。

5.2　反应机理探讨

5.2.1　反应路径

　　为了获得铈铁氧载体在与 CH_4 反应过程中发生结构和化学演变等相关信息，我们用准原位手段对材料进行了表征，即在 $Ce_{0.7}Fe_{0.3}O_{2-\delta}$ 与 CH_4 反应一段时间后由 N_2 保护降至室温后进行 XRD、Raman、XPS 和 TPR 分析，由不同反应时间所得信息推测材料在真实反应过程中的演变规律。

　　图 5-8A 为 CH_4 与 $Ce_{0.7}Fe_{0.3}O_{2-\delta}$ 反应 3 min、5 min、7 min 和 12 min 后的 XRD 图谱，图 5-8B 为 $27.5°$～$29.5°$ 范围内的慢扫描 XRD 图谱。如图 5-8A 所示，反应三分钟后，$Ce_{0.7}Fe_{0.3}O_{2-\delta}$ 样品仍显示 CeO_2 和 Fe_2O_3 的晶型，但是与新鲜样品相比，Fe_2O_3 的衍射峰强度明显降低，可能是部分 Fe_2O_3 已被还原为低价氧化物，只是由于含量较低未被检测到所致。当反应进行到 5 分钟时，出现了两个新的晶相：$CeFeO_3$（$2\theta = 22.7°$、$25.4°$、$32.3°$、$38.8°$、$46.4°$、$57.7°$、$67.6°$）和金属铁（$44.7°$）。据报道，$CeFeO_3$ 可以在 800～850 ℃ 惰性气氛下通过反应 $3CeO_2 + Fe_2O_3 + Fe \rightarrow 3CeFeO_3$ 制备[131]。在本实验中，5 min 的还原反应应该造成了部分 Fe_2O_3 被还原为金属铁，所以才可以通过该反应形成

$CeFeO_3$。当还原反应进行到 7 min 或 12 min 时，所有铁物种均被还原为金属 Fe，意味着自 7 min 之后的反应，均由 CeO_2 作为主要氧源。

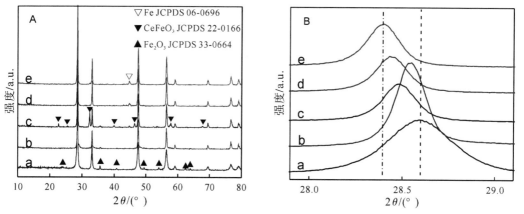

图 5-8　$Ce_{0.7}Fe_{0.3}O_{2-\delta}$ 氧载体与 CH_4 不同反应时间后的 XRD 图谱（A，快扫描；B 择区慢扫描）：
(a)新鲜样品；(b)反应 3 min 后；(c)反应 5 min 后；(d)反应 7 min 后；(e)反应 12 min 后

反应的进行还导致 CeO_2(111)晶面衍射峰（28.5°附近）逐渐向低 2θ 角度偏移，如图 5-8B 所示。衍射峰向低角度偏移意味着 CeO_2 晶格的膨胀，这应该是由 Ce^{4+} 被还原为 Ce^{3+} 造成，因为 Ce^{3+} 的离子半径大于 Ce^{4+}（0.1012 nm vs 0.097 nm）[156]。因此，7 min 之后 CeO_2(111)晶面衍射峰依然向低角度偏移的现象说明，这一过程中 Ce^{4+} 仍逐渐被还原为 Ce^{3+}。这也印证了上述推测：自 7 min 之后，主要由铈氧化物提供主要的氧物种参与反应。

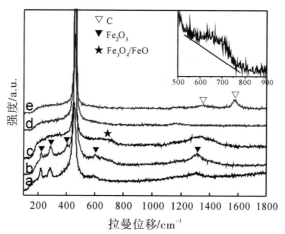

图 5-9　$Ce_{0.7}Fe_{0.3}O_{2-\delta}$ 氧载体与 CH_4 不同反应时间后的 Raman 光谱图
(a)新鲜样品；(b)反应 3 min 后；(c)反应 5 min 后；(d)反应 7 min 后；(e)反应 12 min 后

Raman 检测给出了更丰富的材料演化过程中的表面信息。如图 5-9 所示，与新鲜样品相比，反应 3 min 后样品上 Fe_2O_3 的 Raman 峰略微增强。这与 XRD 检测到的 Fe_2O_3 衍射峰在反应 3 min 后减弱的现象不一致。考虑到 Raman 是一种表面检测技术，合理的解释是还原过程中铈铁固溶体中的部分 Fe^{3+} 向表面迁移。反应 5 min 后，Fe_2O_3 的 Raman 峰几乎完全消失，而在 670 cm^{-1} 出现了对应于铁低价氧化物（FeO/Fe_3O_4）的 Raman 模式[164,165]。反应进行 7 min 时，用 Raman 技术已观察不到铁物种的存在，说明所有铁氧化物都被还原为金属铁。而进行到 12 min 时，1340 cm⁻¹ 和 1570 cm⁻¹ 可观察到两个 Raman 峰，对应于单质碳的出现[166]，表面 CH_4 裂解已经开始。

XPS 技术用于考察 $Ce_{0.7}Fe_{0.3}O_{2-\delta}$ 氧载体表面元素在反应过程的价态变化，如图 5-10 所示。一般认为，Ce^{4+} 的 Ce 3d XPS 曲线呈现出三对 $3d_{5/2}-3d_{3/2}$ 旋轨分裂峰（V-U，V″-U″和 V‴-U‴）[151]，代表着在光电效应最终状态中不同的 4f 构型（$4f^2$，$4f^1$ 和 $4f^0$），而三价铈离子则显示两对（V°-U°，V′-U′）重叠峰，对应于低结合能的 $3d_{5/2}$ 和 $3d_{3/2}$ 电子[152]。如图 4-10A 所示，新鲜样品在 882.5 eV、889.0 eV、898.5 eV、900.8 eV、907.5 eV 和 917.0 eV 附近有六个峰，经过分峰拟合后（图 5-2）才能观察到对应于 Ce^{3+} 的两个峰，表明 Ce^{3+} 的浓度较低。当 $Ce_{0.7}Fe_{0.3}O_{2-\delta}$ 氧载体与 CH_4 反应后，样品对应的 Ce 3d 光谱逐渐向低的结合能方向移动，这表明 Ce^{3+} 的浓度逐渐增加[167]。

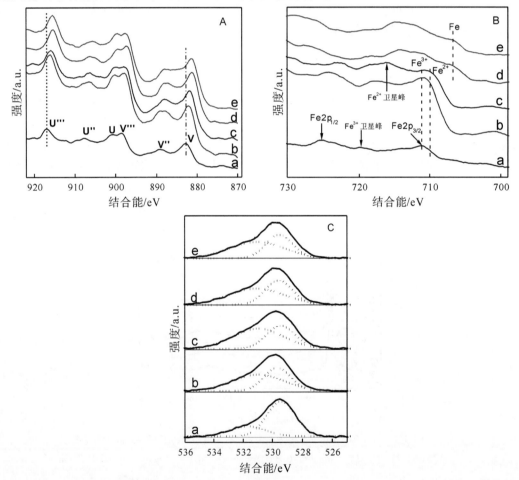

图 5-10　$Ce_{0.7}Fe_{0.3}O_{2-\delta}$ 氧载体与 CH_4 不同反应时间后的 Ce 3d (A)，Fe 2p (B) and O 1s (C) XPS 图谱

(a)新鲜样品；(b)反应 3 min 后；(c)反应 5 min 后；(d)反应 7 min 后；(e)反应 12 min 后

通常认为，在 XPS 测试中，Fe^{3+} 的结合能出现在 711 eV(Fe 2p3/2)、72 eV(Fe 2p$_{1/2}$)和 715 eV (Fe 2p$_{3/2}$ 的从属结构)附近[164,168]。因为 Fe^{2+} and Fe^0 对应的结合能在 709.0 eV 和 707.0 eV 附近，当 Fe_2O_3 被还原时其对应的 Fe 2p XPS 峰将逐渐向低结合能位置移

动[28,169]。鉴于此，图 5-10B 中的现象表明，在 Ce$_{0.7}$Fe$_{0.3}$O$_{2-\delta}$氧载体与 CH$_4$ 反应过程中，Fe$_2$O$_3$ 被逐渐地还原为金属 Fe。值得关注的是，当反应进行到 3 min 时（图 5-10B-b）已经有 Fe^{2+} 形成，而在进行到 5 min 时（图 5-10B-e）Fe^{2+} 为要成分。这些结果填补了 XRD 和 Raman 关于 Fe$_2$O$_3$ 在还原过程中价态变化详细信息的缺失。

所有样品的 O 1s 光谱图都含有两个峰（图 5-10C）：529.5 eV 附近的主峰和 531.5 eV 附近的肩峰。如前文所述，529.5 eV 附近的主峰归属为氧载体中的晶格氧，而 531.5 eV 附近的肩峰则与材料中的缺陷氧或吸附氧有关。随着反应的进行，主峰逐渐减弱而肩峰逐渐增强，表面材料中的缺陷氧含量逐渐增加，据推测应该与 Ce^{3+} 的形成有关。

XPS 的分析表明，铈和铁物种在 Ce$_{0.7}$Fe$_{0.3}$O$_{2-\delta}$氧载体中的分布并不均匀，而且随着反应的进行这一比例亦会变化。新鲜样品中 Ce/Fe 比例为 3.44，远大于样品的理论比例 2.33(7/3)。当反应进行 12 min 后，表面 Ce/Fe 比例增加至 6.47，意味着还原后的样品中铈的浓度显著升高。因为 Raman 分析表明，当反应进行到 3 min 时表面 Fe$_2$O$_3$ 有增加的趋势，这表明随着还原反应的进行，铁物种处于非常活跃的状态，可进入或溢出 CeO$_2$ 体相中。

为了获得铈铁材料上述结构演变对其还原能力的影响，我们对 CH$_4$ 反应后的样品进行了 H$_2$-TPR 测试，如图 5-11 所示。前文讨论可知，纯 Ce$_{0.7}$Fe$_{0.3}$O$_{2-\delta}$氧载体的还原随温度升高分为三部分，分别对应表面 Fe$_2$O$_3$ 的还原、亚层铈铁氧化物的重叠还原及深层铈铁物种的还原。CH$_4$ 反应三分钟后的样品也表现出类似的还原特征（图 5-11a），所不同的是其第一个还原峰向低温偏移（475 ℃ Vs 490 ℃），而且中温还原峰显著增强，但第三个还原峰向高温偏移。这表明样品中表面氧与体相氧的比例增加，同时意味着晶格氧移动性的增强[104]。而对于与 CH$_4$ 反应 5 min 的样品（图 5-11b），其对应 Fe$_2$O$_3$ 几乎完全消失，并在 605 ℃附近出现了一个较尖锐的峰，由此可见，该现象的产生应该是对应于 CeFeO$_3$ 的还原。

与 CH$_4$ 反应 7 min 和 12 min 后，样品的还原行为与新鲜氧载体完全不同。如图 5-11d 和 5-11e，其 TPR 图谱在 370 ℃、430 ℃、480 ℃和 750 ℃附近分别显示了四个还原峰。还原温度较低的三个峰（370 ℃、430 ℃和 480 ℃）应该对应于材料的表面还原，而 750 ℃ 的峰为材料体相氧的消耗。与新鲜氧载体相比，不管是表面氧的还原还是体相氧的还原，其还原温度都大大降低。结合 XRD 和 Raman 的分析结果，材料还原能力的提高应该与表面金属 Fe 的出现有关。这一现象表明，表面金属铁物种的出现能够大大提高铈铁材料的还原性能。至于反应 12 min 后样品对应还原峰强度较低的现象，应该是氧载体中的晶格氧大量消耗所致。

对于金属氧化物催化剂而言，表面氧空位被认为是参与催化反应的活性物种，而对于 CeO$_2$ 基催化剂，表面暴露的 Ce^{3+} 离子作为潜在的活性位在催化反应中起着重要作用[1,2]。对于 CeO$_2$ 与 CH$_4$ 的反应，Otsuka 等[136]认为 CH$_4$ 首先在 Ce^{3+} 位被活化成碳物种，然后 CeO$_2$ 中的晶格氧将碳物种氧化为 CO，而这一过程中 CH$_4$ C-H 键的断裂以及晶格氧的扩散都不能控制反应的速率，而氢原子脱附与重组为 H$_2$ 成为反应的决速步骤。但是他们的另一项研究表明，CeO$_2$-ZrO$_2$ 固溶体的形成能够显著促进合成气的产率，说明氧载体中氧的移动性同样在反应中占据重要位置[137]。另外，Fathi 等[146]发现 Pt 和 Rh

等贵金属的存在可大大提高 CH_4 部分氧化的转化率，但是同时也会导致积碳的形成，他们因此认为对于不含贵金属催化剂的 CeO_2，CH_4 在 Ce^{3+} 上的活化是整个反应的决速步骤，而对于含有贵金属的 CeO_2，因为 CH_4 的活化裂解非常快，积碳的氧化是整个反应的控制步骤。基于上述分析，我们认为 CH_4 与铈基氧载体的反应主要受三个因素控制：①CH_4 的活化；②氢原子的重组与脱附；③晶格氧的扩散或移动能力。

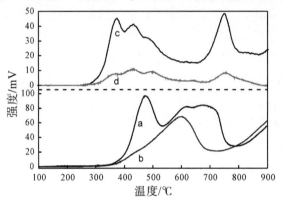

图 5-11　$Ce_{0.7}Fe_{0.3}O_{2-\delta}$ 氧载体与 CH_4 不同反应时间后的 H_2-TPR 图谱

(a)反应 3 min 后；(b)反应 5 min 后；(c)反应 7 min 后；(d)反应 12 min 后

我们的研究结果显示，对于铈铁复合氧化物与 CH_4 的反应，Ce-O-Fe 的交互作用在其中扮演着重要的角色，因为纯 CeO_2 和 Fe_2O_3 的反应性都很弱。这一交互作用可能通过两个形式存在：①CeO_2 基固溶体的形成，其可以提高晶格氧的移动能力；②表面 CeO_2 与铈铁固溶体紧密相连形成的界面层，其可以为晶格氧的溢出提高有效路径。$Ce_{0.7}Fe_{0.3}O_{2-\delta}$ 氧载体在与 CH_4 反应过程的结构演变表明，表面 Fe_2O_3 的还原遵循 $Fe_2O_3 \rightarrow Fe_3O_4/FeO \rightarrow Fe$ 的路径，同时伴随着 Ce^{3+} 浓度的增加和材料中晶格氧活动能力的提高（XPS 及 TPR 分析结果）。Gemmi 等[161]的研究表明，在 Fe_2O_3/CeO_2 复合氧化物与 CH_4 反应过程中，当 Fe_2O_3 被还原为金属铁时，CH_4 的转化率突然上升，意味着金属铁可以充当材料中晶格氧与 CH_4 反应的催化剂。这一现象应该与金属铁具有催化 CH_4 裂解的活性有关，但这一解释并不全面。Fukudaa 等[150]的研究表明，金属铁的存在还能促进 CH_4 的吸附并加速 H_2 的脱附。特别是在 CO 存在时，H_2 在 Fe (100)晶面的脱附速率非常快[170]。鉴于此，我们可以认为，上述三个反应的重要控制因素（CH_4 的活化、H 原子的重组与脱附和晶格氧的扩散或移动能力）均因为表面物种（如金属铁和 Ce^{3+} 的出现）的演化而得到增强。

综上分析，我们认为 $Ce_{0.7}Fe_{0.3}O_{2-\delta}$ 与 CH_4 的反应应该遵循如下路径：

$$CH_4 + 12Fe_2O_3 \rightarrow 8Fe_3O_4 + CO_2 + 2H_2O \tag{5-1}$$

$$CH_4 + 4Fe_3O_3 \rightarrow 12FeO + CO_2 + 2H_2O \tag{5-2}$$

$$CH_4 + Fe_3O_4 \rightarrow 3FeO + CO + 2H_2 \tag{5-3}$$

$$CH_4 + FeO \rightarrow Fe^* + CO + 2H_2 \tag{5-4}$$

$$CH_4 \xrightarrow{Fe^* + Ce^{3+}(surface)} CH_{4-x}^* + xH^* \Leftrightarrow C^* + 4H^* \tag{5-5}$$

$$2H_{Fe^*} \Leftrightarrow H_2 \tag{5-6}$$

$$\mathrm{CeO_2} \xrightarrow{\mathrm{Fe^* + Ce^{3+} (surface)}} \mathrm{CeO_{2-x}} + x\mathrm{O_{Latt.}}^* \tag{5-7}$$

$$\mathrm{O_{Latt.}}^* + \mathrm{C}^* \Rightarrow \mathrm{CO} \tag{5-8}$$

反应过程中表面氧化铁和表面吸附氧首先与 CH₄ 反应生成 CO₂ 和 H₂O，还原的铁和铈物种（Fe* 和 Ce³⁺）将 CH₄ 活化为氢原子和碳物种。氢原子成对重组为 H₂，而碳物种被材料中的晶格氧氧化为 CO。CH₄ 的活化速率与表面铁物种的分散度密切相关，而由于固溶体的形成能够提高晶格氧的移动性，积碳的氧化速率受铈铁固溶体的含量影响较大。

基于以上分析，表面 Fe₂O₃ 和铈铁固溶体的协同作用是获得较高合成气产率的关键。为了更好地理解不同状态铈铁物种在反应中的角色，我们制备了具备不同表面铁分散度和铁离子掺杂量的铈铁复合氧化物，并比较了它们与 CH₄ 的反应性能。

5.2.2　不同状态铈和铁物种的角色

图 5-12 给出了 Fe₂O₃/Al₂O₃（Fe₂O₃ 的质量含量为 30%）和以三种不同方法（共沉淀、水热和固相合成法）制备的 Ce₀.₇Fe₀.₃O₂₋δ 氧载体的 XRD 图谱。如图 5-12a 所示，Fe₂O₃/Al₂O₃ 中 Fe₂O₃ 和 Al₂O₃ 的衍射峰都非常微弱且宽化严重，表明两种氧化物的结晶度较差、颗粒较小，同时也证明 Fe₂O₃ 在 Al₂O₃ 载体上的分散度较高。与此相反，固相合成样品（图 5-12d）所对应的 CeO₂ 和 Fe₂O₃ 的衍射峰都非常尖锐，而且 CeO₂ 的晶格常数与纯 CeO₂ 非常接近（0.5412 nm vs 0.5413 nm），表明材料严重烧结，且无铈铁固溶体形成。

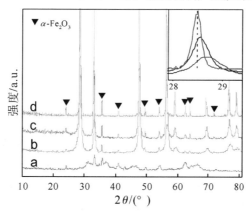

图 5-12　不同氧载体的 XRD 图谱

(a)共沉淀法制备的 Fe₂O₃/Al₂O₃；(b)水热法制备的 Ce₀.₇Fe₀.₃O₂₋δ；(c)共沉淀法制备的 Ce₀.₇Fe₀.₃O₂₋δ；
(d)物理混合法制备的 Ce₀.₇Fe₀.₃O₂₋δ

水热合成的 Ce₀.₇Fe₀.₃O₂₋δ 氧载体（图 5-12b）同样显示 CeO₂ 和 Fe₂O₃ 两个晶相，但其对应的衍射峰较其他两个复合氧化物明显宽化且强度较弱，表面材料的晶粒度较小。通过谢乐公式计算得到的 CeO₂ 和 Fe₂O₃ 的晶粒大小分别为 12 nm 和 14 nm，远小于共沉淀样品的 33 nm（Fe₂O₃）和 19 nm（CeO₂）。而水热法样品中 CeO₂ 的晶格常数（0.5384 nm）也小于共沉淀样品的 0.5395 nm，这一现象对应于 CeO₂ 衍射峰向低角度的偏移（图 5-12 中的插图），表明共沉淀样品中有更多的铁离子进入到了 CeO₂ 晶格中形成了铈铁固溶体。

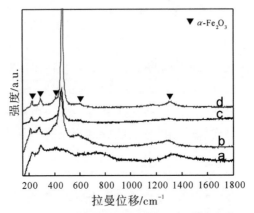

图 5-13 不同氧载体的 Raman 光谱图图谱

(a)共沉淀法制备的 Fe_2O_3/Al_2O_3；(b)水热法制备的 $Ce_{0.7}Fe_{0.3}O_{2-\delta}$；(c)共沉淀法制备的 $Ce_{0.7}Fe_{0.3}O_{2-\delta}$；(d)固相合成法制备的 $Ce_{0.7}Fe_{0.3}O_{2-\delta}$

图 5-13 为不同样品的 Raman 光谱图。由图可知，所有样品上的铁氧化物均为 α-Fe_2O_3，在 220 cm^{-1}、285 cm^{-1}、404 cm^{-1}、592 cm^{-1} 和 1298 cm^{-1} 附近有五个 Raman 峰[165]。Fe_2O_3/Al_2O_3 样品上几乎观察不到 Al_2O_3 的 Raman 峰，这主要是因为 Al_2O_3 颗粒较小且其对 Raman 信号不敏感所致[171]。除了 Fe_2O_3 的 Raman 峰以外，所有铈铁复合氧化物都在 460 cm^{-1} 出现了对应于 CeO_2 F_{2g} 震动模式的峰。我们还注意到，不同铈铁样品对应的 CeO_2 F_{2g} 震动模式峰的宽化程度和位置都不同。F_{2g} 模式峰的半高宽遵循如下规律：水热法＞共沉淀法＞固相合成法，而峰的 Raman 位移表现出相反的规律。CeO_2 Raman 峰的半高宽与材料晶粒大小及缺陷密切相关，颗粒较小以及缺陷的形成会导致 F_{2g} 模式峰的宽化[172,173]。而 F_{2g} 模式峰的红移（向低波束偏移）也是材料中缺陷形成的证据[174]。这些现象印证了 XRD 的发现：水热法制备的 $Ce_{0.7}Fe_{0.3}O_{2-\delta}$ 氧载体不仅具有较小晶粒的 CeO_2 和 Fe_2O_3，还含有最丰富的铈铁固溶体。

图 5-14 为 Fe_2O_3/Al_2O_3 与 CH_4 在 850 ℃恒温反应过程中 CH_4 转化率、CO 和 H_2 选择性以及 H_2/CO 随时间的变化图。反应一开始，CH_4 转化率急速下降，至 4 min 后又快速上升。CO 和 H_2 的选择性则一直快速上升并最终维持在 95%以上。H_2/CO 比值则随反应时间一直快速上升，只是在反应初期上升速度较慢，而在 8 min 后几乎直线上升。如前文所示，Fe_2O_3 在还原过程中转化为 Fe_3O_4 较易，且这部分氧的消耗主要将 CH_4 完全氧化为 CO_2 和 H_2O，而深层氧的活性较弱，但却可以将 CH_4 选择性氧化为 CO 和 H_2。因此，第一阶段 CH_4 转化率的快速下降应该归因于 $Fe_2O_3 \rightarrow Fe_3O_4$ 的快速还原，而表面活性氧的消耗也是 CO 和 H_2 选择性上升的原因。随着 Fe_2O_3 的深度还原，由于 Al_2O_3 载体的支撑作用，金属铁的形成可催化 CH_4 裂解，因此 CH_4 转化率又快速升高，同时伴随着 H_2/CO 比值的升高。

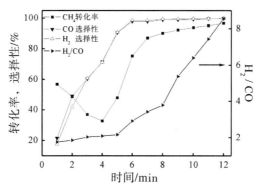

图 5-14　Fe₂O₃/Al₂O₃ 与 CH₄ 在 850 ℃ 的反应活性

图 5-15 为固相合成样品与 CH₄ 的反应性能。整体上固相合成样品对应的 CH₄ 转化率非常低，12 min 反应后其平均转化率为 25.8%，而共沉淀样品为 54.0%（表 5-2）。另外，固相合成样品所对应的 CO 和 H₂ 选择性则相对较高，其自反应开始便处于高位（53%），然后一直持续升高。结合 XRD 和 Raman 表征，固相合成样品较低的 CH₄ 转化率应该归因于其铈铁固溶体的缺失，因为氧载体晶格氧活性强烈依赖固溶体的形成。CO 和 H₂ 选择性的升高则可能与材料的烧结有关，因为材料的烧结会引起表面吸附氧含量的降低，而表面吸附氧容易引起 CH₄ 的完全氧化。有趣的是，在整个反应过程中，H₂/CO 维持在 1.71～2.58 范围内（平均值为 1.97），这表明即便没有铈铁固溶体的形成，在与 CH₄ 反应时铈铁间依然存在强烈的相互作用而生产出 H₂/CO 比例在 2.0 附近的合成气。

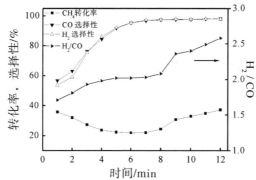

图 5-15　固相合成的 Ce₀.₇Fe₀.₃O₂₋δ 与 CH₄ 在 850 ℃ 的反应活性

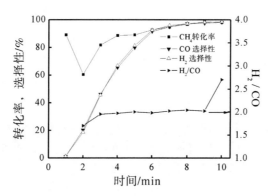

图 5-16　水热合成的 Ce₀.₇Fe₀.₃O₂₋δ 与 CH₄ 在 850 ℃ 的反应活性

水热法制备的 $Ce_{0.7}Fe_{0.3}O_{2-\delta}$ 氧载体显示出最好的部分氧化 CH_4 活性。如图 5-15 所示，反应一开始 CH_4 转化率自 89.2% 迅速降至 60.5%，但仅一分钟之后就又升至 81% 以上。如前文所述，起始阶段转化率的迅速下降归因于表面活性氧物种（吸附氧及 Fe_2O_3 表面晶格氧）的快速消耗，而后续转化率的持续上升意味着表面活性位的出现及数量增加。转化率下降过程非常短意味着该氧载体活性位的出现非常迅速。与此对应的是，CO 和 H_2 选择性在反应起始阶段非常低（小于 2%），表明材料上的表面氧物种非常丰富，这可能是由材料丰富的铈铁固溶体及较高的比表面积导致。自第 2 min 至第 9 min，产物中 H_2/CO 比例一直维持在 2.0 附近（1.7～2.02），然后迅速上升。这一时间较共沉淀法制备的样品短（12 min）。考虑到水热法样品具备更高的 CH_4 转化率，这一现象表明水热法制备的氧载体与 CH_4 的反应更迅速，从而能在更短时间内获得更高的合成气产率。

前文分析认为，铈铁氧载体与 CH_4 的反应通过两步实现，即 CH_4 先裂解形成积碳物种和 H_2，然后氧载体中的晶格氧将固态碳物种选择性氧化为 CO。而 XRD 和 Raman 的检测结果表明，水热法制备的氧载体中具有更高分散性的表面 Fe_2O_3 和更丰富的铈铁固溶体。分散性较好的表面 Fe_2O_3 在还原后是 CH_4 裂解的优良催化剂，而铈铁固溶体的形成有助于提高材料晶格氧的活性和移动性。两个因素的协同作用使水热法制备的 $Ce_{0.7}Fe_{0.3}O_{2-\delta}$ 氧载体具有较高的部分氧化 CH_4 活性。这也进一步证实了前文中关于铈铁氧载体与 CH_4 反应机理的正确性。

5.3　与铈锆固溶体对比

CeO_2-ZrO_2 固溶体是一种典型的储氧材料，在汽车尾气三效催化剂中已实现商业应用[175]。有研究表明，CeO_2-ZrO_2 固溶体可在高温 redox 循环中显示出极高的稳定性[105,107]。对 CeO_2-ZrO_2 与 CeO_2-Fe_2O_3 固溶体的对比研究表明，CeO_2-Fe_2O_3 固溶体具有更高的储氧性能和氧化活性，而 CeO_2-ZrO_2 具有更强的热稳定性[28]。本节将对比研究含有表面 Fe_2O_3 的铈铁复合氧化物和 CeO_2-ZrO_2 固溶体化学链的部分氧化 CH_4 性能，以考察铈铁材料的实际应用价值。

5.3.1　物化性质表征

图 5-17 为 CeO_2-Fe_2O_3（摩尔比 Ce/Fe＝7∶3）、CeO_2-ZrO_2（摩尔比 Ce/Zr＝7∶3）和 ZrO_2-Fe_2O_3（摩尔比 Zr/Fe＝7∶3）氧载体的 XRD 图谱，所有样品均为共沉淀法制备。CeO_2-Fe_2O_3 样品上可以观察到萤石结构的 CeO_2 和六方的 α-Fe_2O_3。ZrO_2-Fe_2O_3 样品则为 α-Fe_2O_3 和立方 ZrO_2 的混合物。与 CeO_2-Fe_2O_3 样品相比，ZrO_2-Fe_2O_3 样品上 α-Fe_2O_3 的衍射峰明显宽化，说明 α-Fe_2O_3 颗粒较小。根据谢乐公式计算的结果证实了这一推论：ZrO_2-Fe_2O_3 样品上 Fe_2O_3 的粒径为 22.5nm，远小于 CeO_2-Fe_2O_3 样品对应的 33.1nm。对于 CeO_2-ZrO_2 样品，除了 CeO_2 的衍射峰以外，还能观察到斜方 ZrO_2（空间群 R-$3m$）晶相，计算所得 CeO_2 晶格常数为 0.5389nm，远小于纯 CeO_2 的 0.5411nm 和 CeO_2-Fe_2O_3 样品 0.5395nm，说明部分 Zr^{4+} 进入到 CeO_2 晶格中形成了 CeO_2-ZrO_2 固溶体，且 CeO_2-ZrO_2 固溶体形成引起的晶胞收缩程度大于 CeO_2-Fe_2O_3 样品。

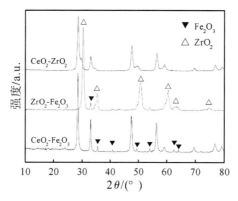

图 5-17　CeO$_2$-Fe$_2$O$_3$、CeO$_2$-ZrO$_2$ 和 ZrO$_2$-Fe$_2$O$_3$ 氧载体的 XRD 图谱

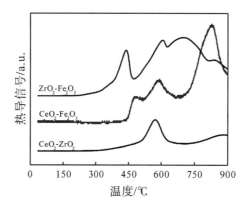

图 5-18　CeO$_2$-Fe$_2$O$_3$、CeO$_2$-ZrO$_2$ 和 ZrO$_2$-Fe$_2$O$_3$ 氧载体的 H$_2$-TPR 图谱

图 5-18 为 CeO$_2$-Fe$_2$O$_3$、CeO$_2$-ZrO$_2$ 和 ZrO$_2$-Fe$_2$O$_3$ 氧载体的 H$_2$-TPR 图谱。如图所示，CeO$_2$-ZrO$_2$ 样品的 H$_2$-TPR 图谱分别在 575 ℃和 875 ℃显示出两个还原峰，第一个峰较强而第二个峰非常微弱，两者分别对应于表层 Ce^{4+} 和体相氧的还原[104]。ZrO$_2$-Fe$_2$O$_3$ 样品有三个还原峰，分别对应于 Fe$_2$O$_3$ 的分步还原（Fe$_2$O$_3$ → Fe$_3$O$_4$ → FeO → Fe）。而 CeO$_2$-Fe$_2$O$_3$ 样品亦为三个还原峰，分别归因于表面 Fe$_2$O$_3$ 的还原、固溶体中浅层铈铁物种的还原和体相铈铁晶格氧的消耗。比较三个样品得知，ZrO$_2$-Fe$_2$O$_3$ 具有最低的还原温度，这应该是与 Fe$_2$O$_3$ 颗粒在 ZrO$_2$ 载体上分散较好并与载体形成强相互作用提高了 Fe$_2$O$_3$ 的低温还原能力。CeO$_2$-Fe$_2$O$_3$ 样品具有最强的高温还原峰，表面材料中的晶格氧含量较高，这应该与铈铁固溶体的形成有关。而 CeO$_2$-ZrO$_2$ 样品在 TPR 过程中消耗的 H$_2$ 量最低，表明与含铁样品相比，铈锆复合氧化物的储氧量最低，这主要是因为由铈锆固溶体形成而产生的氧空位数量有限而 ZrO$_2$ 样品又不能被还原所致。

5.3.2　反应性能

图 5-19 为 CeO$_2$-Fe$_2$O$_3$、CeO$_2$-ZrO$_2$ 和 ZrO$_2$-Fe$_2$O$_3$ 氧载体与 CH$_4$ 程序升温反应中 CH$_4$ 转化率随温度变化曲线。自 550 ℃开始反应时，整体上 CH$_4$ 转化率随温度的升高而增大，说明 CH$_4$ 与氧载体的反应在高温下更易进行。这可能与氧载体的晶格氧只在高温才显示出活性有关。在低温反应阶段，CH$_4$ 转化率有一个微弱的下降过程，对应于吸附

氧的消耗。

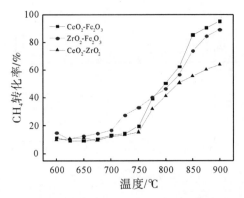

图 5-19　CeO$_2$-Fe$_2$O$_3$、CeO$_2$-ZrO$_2$ 和 ZrO$_2$-Fe$_2$O$_3$ 与 CH$_4$ 程序升温反应中 CH$_4$ 转化率随温度变化

比较三个样品，ZrO$_2$-Fe$_2$O$_3$ 样品在低于 775 ℃ 的条件下显出最高的转化率，这与其 TPR 测试中（图 5-18）较强的低温还原峰一致。当反应温度升至 775 ℃ 以上时，CeO$_2$-Fe$_2$O$_3$ 样品对应的 CH$_4$ 转化率最高，这也对应于其较高的高温 TPR 峰（图 5-18）。有趣的是，尽管图 5-18 中 CeO$_2$-ZrO$_2$ 在 TPR 测试中的高温峰较弱，但图 5-19 中其在高温阶段的 CH$_4$ 转化率却高于 ZrO$_2$-Fe$_2$O$_3$ 样品，这说明 Fe$_2$O$_3$ 中深层晶格氧与 CH$_4$ 的反应活性较低。

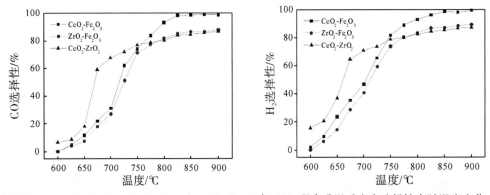

图 5-20　CeO$_2$-Fe$_2$O$_3$、CeO$_2$-ZrO$_2$ 和 ZrO$_2$-Fe$_2$O$_3$ 与 CH$_4$ 程序升温反应中选择性率随温度变化

图 5-20 为 CeO$_2$-Fe$_2$O$_3$、CeO$_2$-ZrO$_2$ 和 ZrO$_2$-Fe$_2$O$_3$ 氧载体与 CH$_4$ 程序升温反应中 CO 和 H$_2$ 选择性随温度变化的曲线。如图所示，反应刚开始时，三个样品对应的 CO 和 H$_2$ 选择性都很低，然后随着反应的进行迅速升高。当反应温度升至 800 ℃ 时，选择性达到了相对稳定阶段，此时 CeO$_2$-Fe$_2$O$_3$、ZrO$_2$-Fe$_2$O$_3$ 和 CeO$_2$-ZrO$_2$ 三个氧载体对应的 CO 和 H$_2$ 选择性分别达到了 93%、81% 和 80% 左右。说明三个样品中，CeO$_2$-Fe$_2$O$_3$ 在与 CH$_4$ 的反应中显示出最高的选择性。

如前文所述，氧化物上一般含有两种氧物种：低温高活性的吸附氧和高温高选择性的晶格氧。当氧化物与 CH$_4$ 反应时，吸附氧容易造成 CH$_4$ 的完全氧化，而晶格氧是使 CH$_4$ 部分氧化的活性氧物种。在此反应中，反应一开始 CH$_4$ 首先与吸附氧反应，因此低温阶段的 CO 和 H$_2$ 选择性很低，随着反应温度的升高，晶格氧开始参与反应，因而 CO 和 H$_2$ 选择性也随之逐渐升高。前文分析还指出，Fe$_2$O$_3$ 的表层及亚表层晶格氧也具有完全氧化 CH₄ 的能力，而只有当 Fe₂O₃ 被还原为 FeO 时才能将 CH₄ 部分氧化为 CO 和 H₂。这是 ZrO₂-Fe₂O₃ 氧载体具有较低合成气选择性的原因。另外，Sadykov 等[147] 的研究表明，CH₄ 与氧化物反应的选择性除了与氧化物不同氧物种的特性有关外，还与氧化物的缺陷密度有关，缺陷密度较大的氧化物更容易引起 CH₄ 的完全氧化。这归因于 CeO₂-ZrO₂ 含有丰富缺陷，容易造成 CH₄ 的完全氧化。

程序升温反应表明，CH₄ 与氧载体的反应需要在 800 ℃ 及以上的温度条件下才能够生成高选择性的合成气。因此我们也考察了 CeO₂-Fe₂O₃、ZrO₂-Fe₂O₃ 和 CeO₂-ZrO₂ 氧载体与 CH₄ 在 800 ℃ 的反应性能。

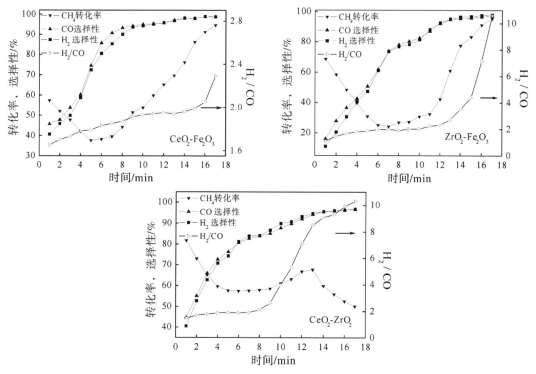

图 5-21　CeO₂-Fe₂O₃、CeO₂-ZrO₂ 和 ZrO₂-Fe₂O₃ 与 CH₄ 800 ℃恒温反应性能

图 5-21 为 CeO₂-Fe₂O₃、CeO₂-ZrO₂ 和 ZrO₂-Fe₂O₃ 氧载体与 CH₄ 在 800 ℃恒温反应过程中 CH₄ 转化率、CO 和 H₂ 选择性以及 H₂/CO 比例随反应时间的变化图。如图所示，反应一开始 CeO₂-Fe₂O₃ 氧载体对应的 CH₄ 转化率较高（高于 57%），而 CO 和 H₂ 选择性较低（低于 46%）。随着反应的进行，CH₄ 转化率急速下降后又快速上升，而 CO 和 H₂ 选择性则持续上升。与此同时，H₂/CO 比例自开始的 1.65 升至第 17 min 的 2.29，值得一提的是，在反应时间为第 8 min 至第 16 min 的阶段，H₂/CO 比例维持在 1.91～1.99，同时这一段时间 CO 和 H₂ 选择性也都高于 90%，意味着高品质合成气的生成。借鉴前文分析，初始阶段 CH₄ 转化率的下降以及 CO 和 H₂ 的快速升高都归因于表面氧物种的快速消耗。而后续 CH₄ 转化率的升高则与表面活性位（金属铁及 Ce³⁺）的出现有关：表面活性位不仅能够加速 CH₄ 活化，还能够促进体相晶格氧的溢出，从而提高合成气的生成效率。

ZrO_2-Fe_2O_3氧载体对应的CH_4转化率以及CO和H_2选择性随反应时间的变化趋势与CeO_2-Fe_2O_3样品类似。所不同的是，其初始CH_4转化率更高而CO和H_2选择性更低。而且随着反应的进行，CH_4转化率降低的速率更快而CO和H_2选择性升高的速率却较慢。前文研究表明，Fe_2O_3的表面晶格氧具有完全氧化CH_4的活性，而图 5-17 的 XRD表明，ZrO_2-Fe_2O_3上的Fe_2O_3具有较小的粒度，这更有助于其完全氧化CH_4能力的发挥。因此，其产物中的CO和H_2选择性不仅在反应初期较低而且随反应进行升高的速率也较慢。另外，当部分表面Fe_2O_3被还原为金属铁时，在ZrO_2载体的支撑下，CH_4将在金属铁物种上发生裂解，这也导致H_2/CO比例快速升高。需要注意的是，H_2/CO比例从第 5 min 至第 9 min 时的值为 1.86～2.0，而此时 CO 和H_2的选择性较低，维持在47%～78%。这说明，当一部分表面晶格氧被消耗后，CH_4的部分氧化和完全氧化同时发生，可能对应于Fe_3O_4（同时含有Fe^{3+}和Fe^{2+}）的还原。整体上，ZrO_2-Fe_2O_3样品显示出较低的CH_4转化率和合成气选择性，证明其不适合作为CH_4部分氧化的氧载体。

CeO_2-ZrO_2样品在反应一开始也显示出了较高的CH_4转化率（81.7%）。但与其他样品一样，随着反应的进行转化率迅速下降，所不同的是其降至最低点后，保持了一段相对稳定的状态才略微升高，然后在第 13 min 后快速下降。另一方面，CO 和H_2选择性则随反应进行持续升高。还需指出，H_2/CO比例在初始阶段维持在 2.0 附近，但在第8 min 后迅速升高，并最终超过 10.0，意味着CH_4的严重裂解。整体上，与CeO_2-Fe_2O_3相比，CeO_2-ZrO_2样品对应的CH_4转化率较高，但 CO 和H_2选择性较低。如前文所述，另外，CH_4与氧化物的反应受氧化物的缺陷密度影响很大，缺陷密度较大的氧化物容易引起CH_4的完全氧化[147]。CeO_2-ZrO_2固溶体上丰富的氧缺陷应该是造成 CO 和H_2选择性较低的原因。尽管反应的持续进行会导致形成更丰富的活性位（Ce^{3+}），但是此过程不但没有导致CH_4转化率的快速上升反而是H_2/CO比例迅速升高，说明晶格氧的活性是本反应的决速步骤，当晶格氧的大量消耗后，CH_4转化率难以避免地快速下降。

上述现象表明，ZrO_2-Fe_2O_3在反应前期容易引起CH_4的完全氧化，而在反应后期则造成CH_4裂解。CeO_2-ZrO_2与CH_4的反应活性较高，但产物中的 CO 和H_2选择性较高，这主要是由铈锆固溶体上较高的缺陷密度引起。与CeO_2-ZrO_2和ZrO_2-Fe_2O_3相比，铈铁间完美的协同作用使CeO_2-Fe_2O_3更适合作为CH_4部分氧化的氧载体。

5.4　CH_4/O_2气氛中的 redox 性能

化学链部分氧化CH_4制合成气工艺还要求氧载体在CH_4/O_2气氛连续 redox 测试中保持稳定的活性。本章 5.2 节的研究表明，水热法制备的$Ce_{0.7}Fe_{0.3}O_{2-\delta}$氧载体具有较高的部分氧化$CH_4$活性，因此我们测试了该氧载体在 850 ℃连续 redox 循环的活性和稳定性。Redox 循环过程中，$Ce_{0.7}Fe_{0.3}O_{2-\delta}$氧载体与$CH_4$的反应时间为 10 min 而氧载体在压缩空气中的再生时间为 16 min，每次切换其他气体时都以高纯N_2吹扫 15 min。

5.4.1　Redox 循环反应

图 5-22 为$Ce_{0.7}Fe_{0.3}O_{2-\delta}$氧载体在$CH_4$/$O_2$气氛 redox 循环实验中，不同循环次数对

应的 CH₄ 转化率、CO 和 H₂ 选择性及 H₂/CO 比例随反应时间的变化曲线。与图 5-16 中的新鲜样品相比，循环之后的氧载体表现出了类似的反应性能，表明 $Ce_{0.7}Fe_{0.3}O_{2-\delta}$ 氧载体与 CH₄ 反应的高重现性和较高的 redox 稳定性。

由图可知，CH₄ 转化率随时间仍先快速下降然后升高，CO 和 H₂ 选择性随时间进行迅速升高，H₂/CO 比例则越来越趋向于 2.0，只是在反应后期才略高于 2.0。需要强调的是，CH₄ 转化率下降的过程与 CO 和 H₂ 选择性的升高过程相一致，说明这一过程仍然对应于吸附氧的消耗。CH₄ 转化率在上升和稳定过程中，H₂/CO 比例都维持在 2.0 附近且 CO 和 H₂ 选择性已处于较高水平，由于前文分析认为转化率的升高与表面活性位（金属 Fe 和 Ce^{3+}）的形成有关，说明表面活性位的形成对晶格氧的活性亦有较强的促进作用，使其在活化 CH₄ 的同时没有引起积碳的生成。

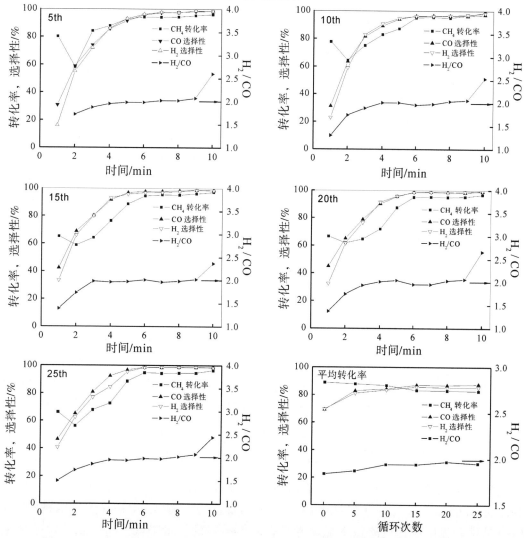

图 5-22　Redox 循环时不同循环次数对 $Ce_{0.7}Fe_{0.3}O_{2-\delta}$ 氧载体部分氧化 CH₄ 性能的影响

值得注意的是，不同循环次数对应的初始 CH₄ 转化率随着循环次数略微下降（例如，新鲜样品对应的初始 CH₄ 转化率为 89%，而至第十五次循环时则降到 65%），而 CO 和

H_2选择性则略微上升。对于整个反应的平均转化率与选择性也随循环次数的增加存在类似的变化特点。李然家等报道[176]，还原后的 $La_{0.8}Sr_{0.2}FeO_3$ 氧载体被 O_2 重新氧化时，有助于 CH_4 部分氧化的晶格氧可以优先被恢复，从而使循环后的氧载体具有更好的选择性。Dai 等[138] 的研究也表明，被 CH_4 还原后，$LaFeO_3$ 氧载体中晶格氧很容易被恢复而吸附氧则有限度地被补充，因为表面氧是造成 CH_4 被完全氧化的主要氧物种，因此导致 redox 循环过程中产物中 CO 和 H_2 选择性缓慢升高。在我们的实验中可能也存在这种状况。如图 5-24 所示，redox 循环后 $Ce_{0.7}Fe_{0.3}O_{2-\delta}$ 氧载体的低温峰几乎消失，而高温峰反而增强，这说明 redox 循环后材料中的表面氧含量降低而体相氧含量增加。由于初始阶段的 CH_4 转化率主要由表面氧贡献，所以这应该是 redox 循环后初始 CH_4 转化率降低的原因，而体相氧含量的增加可以解释 redox 循环过程中 CO 和 H_2 选择性为何升高。此外，Redox 循环导致 $Ce_{0.7}Fe_{0.3}O_{2-\delta}$ 氧载体对 CH_4 反应性能的微调还可能与其结构演变有关。

5.4.2　Redox 循环后的物化性质演变

图 5-23 为新鲜 $Ce_{0.7}Fe_{0.3}O_{2-\delta}$ 氧载体和 25 次循环后样品的 XRD 对比图。由图可知，长时间循环后样品的 XRD 图谱上显示 CeO_2 和 Fe_2O_3 两种物相。与新鲜样品相比，CeO_2 的特征峰明显尖锐化，且峰强增强，说明 redox 循环使 CeO_2 颗粒长大。有趣的是，redox循环后，28.5°附近对应于 CeO_2(111)晶面衍射峰偏向高角度(如图 5-22 中的插图所示)，表明循环还导致了 CeO_2 晶格的晶胞收缩，意味着更多铁离子进入到了 CeO_2 晶相中形成铈铁固溶体。另外，我们还观察到，redox 循环后样品上 Fe_2O_3 对应的衍射峰变得非常微弱且有宽化趋势，说明连续的高温 redox 不但没有加速表面 Fe_2O_3 颗粒的生长，反而使其更小、更为弥散。

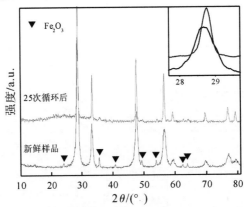

图 5-23　Redox 循环前后 $Ce_{0.7}Fe_{0.3}O_{2-\delta}$ 氧载体的 XRD 对比图

图 5-24 为新鲜 $Ce_{0.7}Fe_{0.3}O_{2-\delta}$ 氧载体和 25 次循环后样品的 Raman 图谱。循环前后氧载体的 Raman 图谱上都只有 CeO_2 和 Fe_2O_3 的特征峰。循环后，α-Fe_2O_3 的特征峰与 CeO_2 特征峰强度的比值略微下降，说明表面 Fe_2O_3 的含量降低。460 cm^{-1} 附近对应 $CeO_2 F_{2g}$ 面心立方结构特征峰在强度增强、半峰宽减小的同时还发生了略微的红移。由前文关于 Raman 光谱的分析可知，氧化物拉曼峰的尖锐化应该是由样品晶粒变长引起，而拉曼特征峰位置的红移则表明更多固溶体的形成。

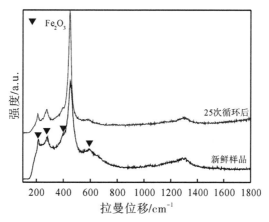

图 5-24　Redox 循环前后 $Ce_{0.7}Fe_{0.3}O_{2-\delta}$ 氧载体的 Raman 对比图

结合 XRD 和 Raman 检测结果表明，25 次高温 redox 循环后，$Ce_{0.7}Fe_{0.3}O_{2-\delta}$ 样品上不但形成了更多的固溶体，而且 Fe_2O_3 的粒度减小分散性增强。这将有利于其在与 CH_4 的反应中保持较高活性。

图 5-25 为新鲜 $Ce_{0.7}Fe_{0.3}O_{2-\delta}$ 氧载体和 25 次循环后样品的 H_2-TPR 对比图，为了确定各峰的归属，纯 CeO_2 和 Fe_2O_3 的 TPR 图谱也在图中示出。如图 5-25(A)所示，新鲜 $Ce_{0.7}Fe_{0.3}O_{2-\delta}$ 氧载体的 TPR 图谱可以分为四个还原区域：Ⅰ（260～360 ℃）、Ⅱ（360～470 ℃）、Ⅲ（470～600 ℃）和Ⅳ（600～830 ℃）。纯 CeO_2 在 520 ℃ 和 894 ℃ 显示两个还原峰，分别归属为表面氧和体相氧的还原。纯 Fe_2O_3 也主要显示两个还原峰，对应于 Fe_2O_3 的分布还原。根据纯 CeO_2 和 Fe_2O_3 的还原特性，Ⅰ 和 Ⅱ 区的还原峰应该分别归属为表面 Fe_2O_3 和固溶体中表面 CeO_2 的还原。Ⅲ 区的弱还原峰应该与铁氧化物的深层还原有关，而 Ⅳ 区宽广的还原峰应该归属为体相铈铁物种的重叠还原。Redox 循环之后，材料的还原行为发生了明显的变化，低温还原峰几乎消失，而高温还原峰则大大加强，表明材料上的表面氧含量降低而体相氧含量增加。如前文结论，在氧载体与 CH_4 的反应过程中，表面氧主要起完全氧化 CH_4 的作用，而体相氧是合成气生成的主要氧源。因此这一现象很好地解释了 redox 循环之后产物中 CO 和 H_2 选择性的升高。

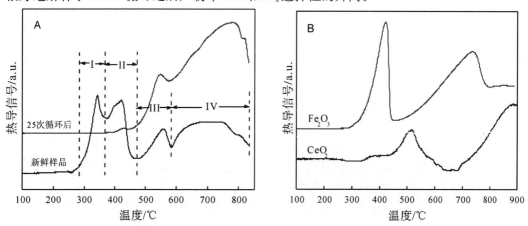

图 5-25　Redox 循环前后 $Ce_{0.7}Fe_{0.3}O_{2-\delta}$ 氧载体(A)和纯 CeO_2 及 Fe_2O_3 (B)的 H_2-TPR 图

一般而言。温度高于 650 ℃会导致铈基材料体相和表面性质的改变，这些变化几乎能摧毁材料的低温还原能力[108,156]。本实验中，XRD(图 5-23)和 Raman(图 5-24)表征已经证明 redox 循环导致 CeO_2 的晶粒明显长大，25 次循环后材料的比表面积则从 41.6 m^2/g 骤降至 4.7 m^2/g。这应该是循环后氧载体低温还原峰消失的原因。有报道显示，$Fe_2O_3/Ce_{0.5}Zr_{0.5}O_2$ 复合氧化物在 redox 循环后，其高温还原峰会增强。Atribak 等也观察到，经过 1000 ℃高温焙烧后，因为比表面积的降低，低温还原峰与高温峰合并为一个偏向高温的大"包"峰。他们认为，这一还原行为意味着体相氧具备快速移动的能力，在表面氧被消耗时能够快速补充表面氧的缺位，以至于显示不出表面氧与体相氧在还原温度上的差异。

本章节前文的研究表明，由于铈铁间的相互作用，表面 Fe_2O_3 颗粒的分散度和铈铁固溶体的形成都能影响铈铁材料的还原能力。XRD(图 5-23)和 Raman(图 5-24)表征显示，redox 循环后，表面 Fe_2O_3 颗粒变得更小而且有更多的 Fe^{3+} 进入到 CeO_2 晶格中形成了铈铁固溶体。这两种变化很可能促进了铈铁间的相互作用，从而提高了铈铁复合氧化物的高温还原能力。铈铁复合氧化物的这一性质保证了其在遭受严重烧结(比表面积显著降低)后依然可以保持较高的晶格氧活动能力，从而使其具有较高的化学链部分氧化 CH_4 活性和稳定性。

上述实验表明，$Ce_{0.7}Fe_{0.3}O_{2-\delta}$ 氧载体在高温 CH_4/O_2 气氛 redox 中显示了较高的活性、选择性和稳定性。连续的 redox 循环导致铈铁复合氧化物严重烧结，但同时也促进了表面 Fe_2O_3 的分散和更丰富铈铁固溶体的形成。材料的烧结显著削弱了氧载体的低温(表面氧)还原能力，因为表面氧是 CH_4 完全氧化的主要活性物种，这一现象造成产物中合成气选择性的提高。另一方面，高分散表面 Fe_2O_3 与铈铁固溶体间的协同作用有利于增强氧载体体相晶格氧的活性，可以削弱氧载体烧结对其反应活性的负面影响，保证氧载体在高温 redox 循环过程中活性没有明显下降。总而言之，铈铁的交互作用是 $Ce_{0.7}Fe_{0.3}O_{2-\delta}$ 氧载体具有 redox 稳定性的关键。

5.5　本章小结

本章研究了铈基掺铁复合氧化物的结构与其部分氧化 CH_4 特性的相关性，利用不同表征手段和验证性实验获得了 CH_4 与氧载体的反应路径，讨论了铈、铁物种在反应过程中的作用，给了可能的反应机理。在此基础上，对比了铈铁与铈锆固溶体相比的优劣，考察了铈铁复合氧化物在 CH_4/O_2 气氛中的 redox 循环稳定性，以探索其化学链部分氧化 CH_4 的实用价值。结论如下：

(1)高温焙烧样品时，随着铁含量的增加铈铁复合氧化物上有两种铁物种：表面游离的 Fe_2O_3 颗粒和进入 CeO_2 晶格形成掺杂 Fe^{3+}。说明表面 Fe_2O_3 与铈铁固溶体的协同作用是铈铁材料具有较强还原性的重要原因。

(2)在与 CH_4 的反应过程中，表面 Fe_2O_3 和表面吸附氧首先与 CH_4 反应生成 CO_2 和 H_2O，还原的铁和铈物种(Fe 和 Ce^{3+})将 CH_4 活化为 H 原子和碳物种。H 原子成对重组为 H_2，而碳物种被材料中的晶格氧氧化为 CO。CH_4 的活化速率与表面铁物种的分散度密切相关，而积碳的氧化速率受铈铁固溶体的含量影响较大。

（3）与铈锆固溶体相比，铈铁材料在与 CH₄ 反应过程中具有更高的选择性。考虑到材料的价格因素，铈铁氧载体具备一定的优势。Redox 循环过程中，铈铁氧载体亦表现出较高的活性、稳定性和选择性，这主要是因为循环导致表面 Fe_2O_3 颗粒更为弥散，而且有更多铈铁固溶体形成，加强了铈铁间的交互作用，抵消了烧结对氧载体活性的负面影响。

第 6 章　铈铁复合氧化物催化丙烯燃烧活性

挥发性有机物(Volatile Organic Compounds，VOCs)是机动车尾气的主要成分之一，是引起光化学烟雾的元凶。在大气中，含量极低的 VOCs 也会对人体健康带来严重危害[177]。VOCs 的处理技术主要有两类：吸附收集和催化燃烧。其中低温催化燃烧法是机动车尾气所采用的 VOCs 处理技术。

VOCs 燃烧催化剂分为贵金属和非贵金属两类。贵金属催化剂因为活性高，已经得到了广泛的商业应用，但由于其价格昂贵和在高温下易烧结、流失等问题，研究者一直未放弃开发廉价且高效的过渡金属氧化物催化剂[178]。与单一金属氧化物相比，由于存在结构或电子调变等相互作用，复合氧化物一般具有更高的催化活性和稳定性，因而受到广泛关注。氧化铜基和氧化钴基催化剂相继被报道，特别是它们与 CeO_2 形成的复合氧化物显示了较高的催化活性[179−183]。

与 CuO 和 CoO 相比，Fe_2O_3 更具价格优势且环境友好。本章将利用丙烯(C_3H_6)这一常用的 VOCs 模型分子，研究铈铁(氧化铈基和氧化铁基)复合氧化物催化挥发性有机物燃烧性能，重点考察了此类催化剂催化活性的结构敏感性，比较了铈基和铁基催化剂在活性和稳定性方面的优缺点，论证了其实用价值。

6.1　铈基固溶体的催化性能

第三章报道了共沉淀法制备的氧化铈基固溶体结构特征与还原性。本章中我们利用十六烷基三甲基溴化铵(CTAB)作为表面活性剂，通过改变后续处理工艺制备了三个系列的铈基掺铁复合氧化物，为了方便表述将其分别命名为方法 1(method-1)、方法 2(method-2)和方法 3(method-3)。方法 1 系列样品的制备与第三章的样品相同，方法 2 系列样品的制备利用 CTAB 作为表面活性剂，沉淀物室温老化 10 天，然后离心干燥、水洗和醇洗后过滤，将沉淀物中多余的 CTAB 去除，方法 3 系列样品的制备仍利用 CTAB，所不同的是，沉淀完成后室温老化 3 小时后即过滤，过滤产物中有一部分 CTAB 残留。三个系列样品的焙烧条件相同(空气中 600 ℃、3h)。利用上述三种制备方法，获得了具有不同结构特征的铈基掺铁复合氧化物。

6.1.1　结构表征

图 6-1 是方法 1 制备的铈基复合氧化物的 XRD 图谱。此系列氧化物与第三章中 600 ℃焙烧的氧化铈基固溶体相同。所有样品均只显示出 CeO_2 萤石结构(Fm-$3m$)的典型衍射峰[92]。与纯 CeO_2 相比，铈铁复合氧化物对应的衍射峰强度明显降低、峰型明显宽化，且铁含量越多这一趋势越明显，表明随着 Fe_2O_3 的添加，CeO_2 晶粒持续减小。还可

以看到，复合氧化物中 CeO_2 对应的衍射峰随着 Fe_2O_3 的添加逐渐向高角度偏移（如图 6-1 所示）。这一偏移应该是 Fe^{3+} 进入 CeO_2 晶格导致材料的晶格畸变所致，表明了 CeO_2 基固溶体的形成。

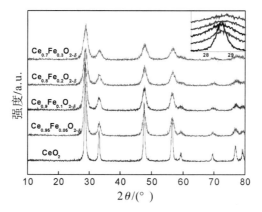

图 6-1　方法 1 制备的铈基掺铁复合氧化物的 XRD 图谱

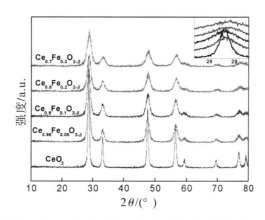

图 6-2　方法 2 制备的铈基掺铁复合氧化物的 XRD 图谱

图 6-2 是方法 2 制备的铈基复合氧化物的 XRD 图谱。与方法 1 制备的样品类似，所有样品均主要显示 CeO_2 的萤石结构衍射峰，复合样品对应的衍射峰均低于纯 CeO_2，且铁含量越高，衍射峰的强度越弱。所不同的是方法 2 制备的 $Ce_{0.7}Fe_{0.3}O_{2-\delta}$ 样品上可以观察到微弱的 $\alpha\text{-}Fe_2O_3$ 的衍射峰，说明材料中存在游离的 Fe_2O_3。但另一方面，随着 Fe_2O_3 的添加，CeO_2 对应衍射峰的偏移也愈加明显（特别是 $Ce_{0.7}Fe_{0.3}O_{2-\delta}$ 样品的偏移程度最大），说明更多的 Fe^{3+} 进入到 CeO_2 晶格中形成了固溶体。表 6-1 中给出的 CeO_2 的晶格常数和晶胞收缩率（方法 2 制备的样品中 CeO_2 的晶格常数明显较小，而且晶胞收缩率也较大）也能证实这一点。这说明，与方法 1 制备的 $Ce_{0.7}Fe_{0.3}O_{2-\delta}$ 样品相比，方法 2 制备的 $Ce_{0.7}Fe_{0.3}O_{2-\delta}$ 样品上不但形成了更多的固溶体而且存在游离的 Fe_2O_3 颗粒，表明并非所有 Fe^{3+} 都进入到了 CeO_2 晶格中。因为两种方法制备的样品中铈铁含量一致，我们可以推测，尽管 XRD 和 Raman（图 6-4）都检测不到方法 1 制备的 $Ce_{0.7}Fe_{0.3}O_{2-\delta}$ 样品含有 Fe_2O_3 物种，但仍能肯定 Fe_2O_3 颗粒存在，其可能以无定形形式弥散分布。

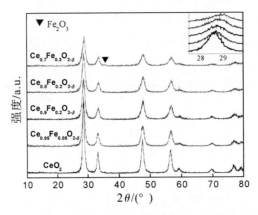

图 6-3 方法 3 制备的铈基掺铁复合氧化物的 XRD 图谱

图 6-3 是方法 3 制备的铈基复合氧化物的 XRD 图谱。与方法 1 和 2 都不同，方法 3 制备的复合氧化物与纯 CeO_2 相比，没有发现衍射峰宽化和减弱的现象，CeO_2 对应的衍射峰也没有偏移。表 6-1 中的数据也显示，与纯 CeO_2 相比，复合氧化物中 CeO_2 的晶粒大小没有明显减小，而且除 $Ce_{0.95}Fe_{0.05}O_{2-\delta}$ 和 $Ce_{0.9}Fe_{0.1}O_{2-\delta}$ 略微发生晶胞收缩外，其他样品中 CeO_2 的晶格常数均与 CeO_2 的一致。与此对应，$Ce_{0.8}Fe_{0.2}O_{2-\delta}$ 和 $Ce_{0.7}Fe_{0.3}O_{2-\delta}$ 样品上可以观察到明显的 α-Fe_2O_3 的衍射峰，说明有游离 Fe_2O_3 的存在。这些现象都说明，方法 3 制备的复合氧化物中除 $Ce_{0.95}Fe_{0.05}O_{2-\delta}$ 和 $Ce_{0.9}Fe_{0.1}O_{2-\delta}$ 中形成了有限的固溶体外，其他样品均为 CeO_2 和 Fe_2O_3 颗粒混合状态。还需指出的是，方法 3 制备的 $Ce_{0.95}Fe_{0.05}O_{2-\delta}$ 和 $Ce_{0.9}Fe_{0.1}O_{2-\delta}$ 样品中 CeO_2 的晶胞收缩率远远低于方法 1 和 2 制备的样品，说明这两个样品中形成的固溶体也非常有限，其表面应该也有弥散的 Fe_2O_3 颗粒存在。

表 6-1　不同样品中 CeO_2 的晶粒大小、晶格常数和晶胞收缩率

样品	制备方法	CeO_2晶格常数/nm	晶胞收缩率/%	晶粒大小/nm
CeO_2		0.5415	0	18.9
$Ce_{0.95}Fe_{0.05}O_{2-\delta}$		0.5396	0.36	8.5
$Ce_{0.9}Fe_{0.1}O_{2-\delta}$	方法 1	0.5395	0.37	7.1
$Ce_{0.8}Fe_{0.2}O_{2-\delta}$		0.5383	0.59	5.9
$Ce_{0.7}Fe_{0.3}O_{2-\delta}$		0.5385	0.55	5.1
CeO_2		0.5405	0	13.4
$Ce_{0.95}Fe_{0.05}O_{2-\delta}$		0.5392	0.24	11.2
$Ce_{0.9}Fe_{0.1}O_{2-\delta}$	方法 2	0.5374	0.57	8.5
$Ce_{0.8}Fe_{0.2}O_{2-\delta}$		0.5362	0.80	8.9
$Ce_{0.7}Fe_{0.3}O_{2-\delta}$		0.5347	1.1	<5.0
CeO_2		0.5416	0	12.0
$Ce_{0.95}Fe_{0.05}O_{2-\delta}$		0.5412	0.07	11.5
$Ce_{0.9}Fe_{0.1}O_{2-\delta}$	方法 3	0.5407	0.17	12.3
$Ce_{0.8}Fe_{0.2}O_{2-\delta}$		0.5418	0	15.3
$Ce_{0.7}Fe_{0.3}O_{2-\delta}$		0.5417	0	12.2

图 6-4 是方法 1 制备的铈基复合氧化物的 Raman 光谱图。如图所示，纯 CeO_2 在 456 cm^{-1} 显出对应于其面心立方结构的 F_{2g} 活性模式的拉曼特征振动。对于复合氧化物样

品，除了 CeO_2 立方结构的 F_{2g} 活性模式外，还在 250 cm^{-1} 和 598 cm^{-1} 附近出现了两个较微弱的 Raman 峰。598 cm^{-1} 处的峰一般认为是 CeO_2 中氧空位(氧缺陷)出现的有力证据[34,35,41,44]，而 250 cm^{-1} 附近峰的归属则尚存争议，根据第三章中的分析，我们认为其应该与 CeO_2 基材料中的缺陷有关。与纯 CeO_2 样品相比，添加 Fe_2O_3 后，对应 CeO_2 的 Raman 峰明显减弱且宽化，对应于材料中 CeO_2 颗粒的减小，这与 XRD 的结果一致。另外，Fe_2O_3 的添加还导致了 CeO_2 F_{2g} 活性模式的红移，这应该归因于材料中 CeO_2 基固溶体的形成。

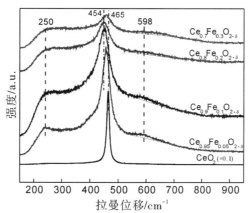

图 6-4　方法 1 制备的铈基掺铁复合氧化物的 Raman 光谱图

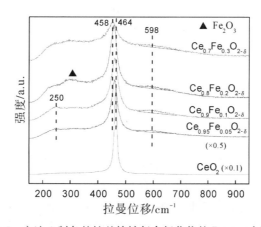

图 6-5　方法 2 制备的铈基掺铁复合氧化物的 Raman 光谱图

图 6-5 是方法 2 制备的铈基复合氧化物的 Raman 光谱图。所有样品仍显示出对应于 CeO_2 立方结构的 F_{2g} 活性模式的主峰(464 cm^{-1})和 250 cm^{-1} 及 598 cm^{-1} 附近的弱峰。与方法 1 制备的样品相比，250 cm^{-1} 的峰型更完整且随着铁含量的增加逐渐增强，但至 $Ce_{0.9}Fe_{0.1}O_{2-\delta}$ 达到最大后开始减弱直至消失。这说明在三个系列中方法 2 制备的样品中的缺陷浓度更高，而该系列中 $Ce_{0.9}Fe_{0.1}O_{2-\delta}$ 的缺陷浓度最大。另外，598 cm^{-1} 附近的峰也明显增强，其强度随铁含量的变化趋势与 250 cm^{-1} 附近的峰类似，说明材料中氧空位与缺陷有密切的相关性。还需要指出的是，$Ce_{0.7}Fe_{0.3}O_{2-\delta}$ 样品上可明显探测到 α-Fe_2O_3 的 Raman 峰，表明材料表面有丰富的 Fe_2O_3 颗粒。与此同时，方法 2 制备的

$Ce_{0.7}Fe_{0.3}O_{2-\delta}$ 样品对应的 CeO_2 的 Raman 峰的红移程度低于方法 1 制备的该样品,说明此材料表面的固溶体较为贫乏。考虑到该样品对应 CeO_2 的较大晶胞收率(表 6-1),这一现象说明该材料表面有游离 Fe_2O_3 颗粒存在,而材料深层大部分 Fe^{3+} 都进入到了 CeO_2 晶格中形成了固溶体,即材料表面和体相中铁物种的存在状态不一致。

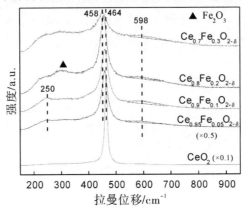

图 6-6　方法 3 制备的铈基掺铁复合氧化物的 Raman 光谱图

　　图 6-6 是方法 3 制备的铈基复合氧化物的 Raman 光谱图。尽管 XRD 检测结果表明,方法 3 制备的样品上几乎没有固溶体形成,但是 Raman 技术仍能检测到缺陷和氧空位的存在($250\ cm^{-1}$ 及 $598\ cm^{-1}$ 附近的 Raman 峰),以及归因于固溶体形成的 CeO_2 立方结构的 F_{2g} 活性模式的红移现象。由于 XRD 可以分析到材料的体相结构,而 Raman 只能探测材料的表面性质,这一现象说明,方法 3 制备的复合氧化物体相中没有能够形成有效的固溶体,但是表面却有大量 Fe^{3+} 进入到了 CeO_2 的晶格中引起了 Raman 信号的变化。需指出的是,方法 3 制备的样品对应 $250\ cm^{-1}$ 及 $598\ cm^{-1}$ 附近 Raman 峰的强度依然低于方法 2 和方法 1 所制备的样品,这表明固溶体的浓度仍较低。有趣的是,尽管 XRD 显示出明显的 α-Fe_2O_3 的衍射峰,但 $Ce_{0.8}Fe_{0.2}O_{2-\delta}$ 和 $Ce_{0.7}Fe_{0.3}O_{2-\delta}$ 样品上 α-Fe_2O_3 的 Raman 峰却非常微弱,说明这两个样品表面 α-Fe_2O_3 颗粒的浓度并不高。这一现象说明,方法 3 所制备样品中游离的 Fe_2O_3 主要存在于材料的深层,这与方法 2 制备的样品刚好相反。

　　XRD 和 Raman 的分析表明,方法 1 制备的铈铁复合氧化物中多数 Fe^{3+} 都进入到了 CeO_2 晶格中形成了固溶体,但是仍有少量 Fe_2O_3 颗粒弥散分布在材料中,且很有可能不在材料的表面;方法 2 制备的样品中形成固溶体的程度更高,却含有更丰富的氧空位和缺陷,但是对于铁含量较高的样品,表面固溶体的浓度较低但却有丰富的表面 Fe_2O_3 颗粒;对于方法 3 制备的样品,其形成的固溶体非常有限且多数集中在材料的表面,另外,尽管铁含量较高的样品上有大量游离的 Fe_2O_3 颗粒,但是这些颗粒却主要位于材料体相中而没有分散在材料表面。

　　图 6-7 为方法 1 制备样品的 N_2 吸附－脱附等温线和 BJH 孔径分布。如图所示,所有样品的 N_2 吸附－脱附等温线均为 IV 型。纯 CeO_2 对应的 N_2 吸附－脱附等温线上的滞后环较不明显,说明其只具有少量的孔结构,添加 Fe^{3+} 形成固溶体后,滞后环非常明显且表现为 H2 型,表明在相同的制备条件下,铈铁固溶体更易形成孔结构,孔的类型为"墨水瓶型"。随着铁含量的增加,滞后环对应的相对压力(p/p_0)略微升高,滞后环中吸

附和脱附曲线的对称性增强，表明孔径略微增大，均匀度升高。

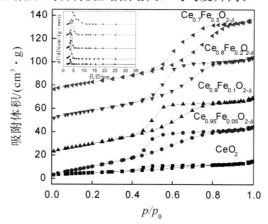

图 6-7　方法 1 制备的铈基掺铁复合氧化物的 N_2 吸附－脱附等温线和 BJH 孔径分布

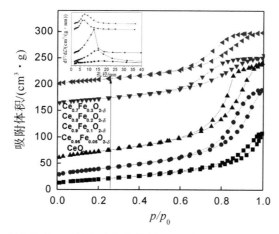

图 6-8　方法 2 制备的铈基掺铁复合氧化物的 N_2 吸附－脱附等温线和 BJH 孔径分布

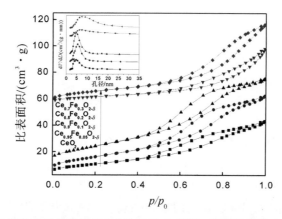

图 6-9　方法 3 制备的铈基掺铁复合氧化物的 N_2 吸附－脱附等温线和 BJH 孔径分布

方法 2 制备样品的 N_2 吸附－脱附等温线仍为 IV 型（图 6-8），但滞后环均显示为 H1 型，说明 CTAB 的作用使材料中的孔较为均匀。纯 CeO_2 的滞后环在 $p/p_0 = 0.8 \sim 1$ 的范围内，这远远高于方法 1 制备样品，说明 CTAB 还导致材料的孔径增大。随着铈铁固溶体的形成，最大吸附容量急剧升高，但滞后环则略微向高比压方向移动。这说明随着 Fe_2O_3 的添加，样品的孔容增大，但孔径略微减小。BJH 孔径分布图也说明，当铁含量自 5% 增至 30% 时，BJH 孔径分布峰值由 15nm 左右降至 7nm 左右。当铁含量大于 10% 后，样品对应最大吸附容量明显减小，说明孔容又开始减小。该系列样品中，$Ce_{0.9}Fe_{0.1}O_{2-\delta}$ 样品的孔容最大，达到了 0.32/ （$m^2 \cdot g$）。

图 6-9 为方法 3 制备样品的 N_2 吸附－脱附等温线和 BJH 孔径分布。与前两个系列的样品不同，方法 3 制备的纯 CeO_2 在 0.4～0.9 比压范围内显示出明显的 H1 型滞后环，说明含有丰富且孔径均匀的孔结构。而在 Fe_2O_3 添加后，样品对应的最大吸附容量略微升高，但滞后环也逐渐向高比压范围移动，说明铁的添加导致孔容增加、孔径变大。铁含量增至 20% 时，滞后环比压范围已升至较高范围且其类型趋向于 H4，最大吸附容量也有所下降，说明此时材料中的孔主要为狭缝孔。

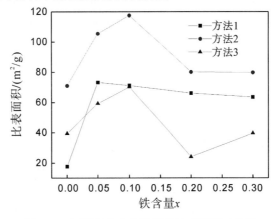

图 6-10　不同制备方法样品的比表面积对比图

图 6-10 对比了三个系列样品的比表面积。如图所示，三种方法获得的铈铁复合氧化物的比表面积都远远高于纯 CeO_2，而且受铁含量影响较大。三种方法中，方法 2 制备的系列样品获得的比表面积明显较大，且铁含量过高会导致材料比表面积的降低，$Ce_{0.9}Fe_{0.1}O_{2-\delta}$ 样品的比表面积最大，达到了 117.8 m^2/g。其他方法制备样品的比表面积随铁含量变化的趋势也都类似。

N_2 吸附－脱附等温线、BJH 孔径分布和比表面积的表征结果表明，针对所采用的三种制备方法，过高的 Fe 含量都不利于铈铁复合氧化物中介孔结构的形成。CTAB 的修饰作用可以使 $Ce_{0.9}Fe_{0.1}O_{2-\delta}$ 和 $Ce_{0.95}Fe_{0.05}O_{2-\delta}$ 样品含有较大孔容、孔径和比表面积。

图 6-11 对比了方法 1 和方法 2 制备的 $Ce_{0.8}Fe_{0.2}O_{2-\delta}$ 样品 TEM 图。如图所示，方法 1 制备的样品中铈铁固溶体颗粒结晶良好，但团聚严重。而方法 2 制备的样品中颗粒团聚的现象有所改善，但大部分颗粒仍团簇在一起呈"树枝状"生长。这一微观结构印证了前文 N_2 吸附－脱附等温线、BJH 孔径分布和比表面积的测试结果。

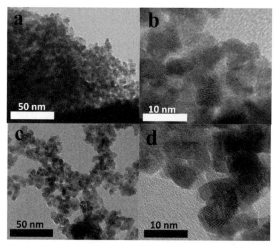

图 6-11　方法 1(a、b)和方法 2(c、d)制备的 $Ce_{0.8}Fe_{0.2}O_{2-\delta}$ 样品的 TEM 图

6.1.2　还原行为研究

图 6-12 给出了方法 1 制备样品的 H_2-TPR 图谱。根据第 3 章中的分析，纯 CeO_2 在 520 ℃和超过 800 ℃有两个还原峰，分别代表着 Fe_2O_3 的表面与体相氧的消耗[102]。纯 Fe_2O_3 的 H_2-TPR 图谱显示 Fe_2O_3 的还原为典型的阶梯式还原过程，440 ℃，700 ℃和超过 800 ℃显示的三个峰分别代表着 $Fe_2O_3 \rightarrow Fe_3O_4 \rightarrow FeO \rightarrow Fe$ 的还原[103]。在低于 800 ℃ 的范围内，铈铁复合氧化物的 TPR 图谱都显示有四个还原峰(标记为 O_a、O_I、O_{II} 和 O_{III})，分别归属为吸附氧的消耗、铈铁固溶体中 Fe^{3+} 的还原、固溶体中铈氧化物的还原和体相中铈铁氧化物的重叠还原。O_a 和 O_{II} 峰非常微弱，说明材料上的吸附氧含量有限且氧化铈铁固溶体中 CeO_2 对材料低温还原能力的贡献也有限。随着 Fe 含量的增大，O_I 和 O_{III} 峰都增强，说明复合材料中 Fe_2O_3 的还原占据主导地位，尽管 Fe_2O_3 的摩尔含量低于 CeO_2。这主要是因为 Fe_2O_3 中的氧可以全部被还原，而 CeO_2 中将 Ce^{4+} 还原为 Ce^{3+} 的现象却极少发生。另外，铈铁复合氧化物的还原峰较纯 CeO_2 或 Fe_2O_3 都有所降低，但 Fe 含量对复合氧化物还原性能的影响并不十分明显。

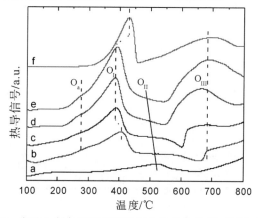

图 6-12　方法 1 制备的铈基掺铁复合氧化物的 H_2-TPR 曲线图

(a) CeO_2；(b) $Ce_{0.95}Fe_{0.05}O_{2-\delta}$；(c) $Ce_{0.9}Fe_{0.1}O_{2-\delta}$；(d) $Ce_{0.8}Fe_{0.2}O_{2-\delta}$；(e) $Ce_{0.7}Fe_{0.3}O_{2-\delta}$；(f) Fe_2O_3.

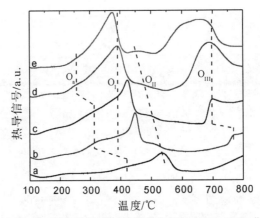

图 6-13 方法 2 制备的铈基掺铁复合氧化物的 H_2-TPR 曲线图

(a) CeO_2；(b) $Ce_{0.95}Fe_{0.05}O_{2-\delta}$；(c) $Ce_{0.9}Fe_{0.1}O_{2-\delta}$；(d) $Ce_{0.8}Fe_{0.2}O_{2-\delta}$；(e) $Ce_{0.7}Fe_{0.3}O_{2-\delta}$

方法 2 制备铈铁复合氧化物的 TPR 图谱中同样存在四个还原峰（O_a、O_I、O_{II} 和 O_{III}），且峰型也与方法 1 制备的样品类似，如图 6-13 所示。因此各峰的归属应该与方法 1 制备的样品相同。所不同的是，对于方法 2 制备的复合氧化物，铁含量对其还原能力影响很大。随着铁含量的增加 O_a、O_I、O_{II} 和 O_{III} 峰都向低温偏移，特别是对于铁含量较高的样品，尽管比表面积显著降低但还原峰依然向低温明显偏移。这一变化应该与材料随铁含量增加的结构演变有关：结合 XRD 和 Raman 的分析我们认为，还原峰随铁含量的偏移，除与铁掺杂量增加导致更多固溶体形成有关外，$Ce_{0.7}Fe_{0.3}O_{2-\delta}$ 样品上高分散的表面 Fe_2O_3 的出现也应起到了一定的作用。

第 3 章中的分析认为，表面 Fe_2O_3 小颗粒的存在可以为亚表层体相氧的溢出提供路径，而铈铁固溶体的形成则提高了体相氧的移动能力，因此表面 Fe_2O_3 与铈铁固溶体的协同作用可显著提高材料的还原能力。XRD（图 6-2）和 Raman（图 6-5）分析表明，随着 Fe含量的增加，CeO_2 的晶胞收缩变得更为明显，说明有更多的 Fe^{3+} 进入到了 CeO_2 晶格中形成了铈铁固溶体，固溶体的形成将大大增强复合材料中铈铁物种的交互作用，从而提高复合氧化物的还原能力。另外，当铁含量增加至 30% 时，材料表面可以检测到高分散的表面 Fe_2O_3 颗粒。表面纳米级的 Fe_2O_3 与铈铁固溶体的交互作用进一步增强了铈铁复合氧化物表面（O_a、O_I 和 O_{II}）和体相（O_{III}）的还原能力。

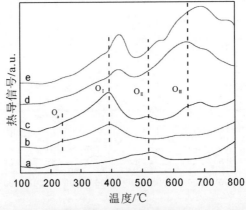

图 6-14　方法 3 制备的铈基掺铁复合氧化物的 H_2-TPR 曲线图

(a) CeO_2；(b) $Ce_{0.95}Fe_{0.05}O_{2-\delta}$；(c) $Ce_{0.9}Fe_{0.1}O_{2-\delta}$；(d) $Ce_{0.8}Fe_{0.2}O_{2-\delta}$；(e) $Ce_{0.7}Fe_{0.3}O_{2-\delta}$

方法 3 制备的铈铁复合氧化物的 TPR 图谱仍然显示四个还原峰(O_a、O_I、O_{II} 和 O_{III})，如图 6-14 所示。不同铁含量的样品展示出了不同的还原行为，且这些还原行为同样可与其结构特征相关联。$Ce_{0.95}Fe_{0.05}O_{2-\delta}$ 和 $Ce_{0.9}Fe_{0.1}O_{2-\delta}$ 样品为固溶体结构，其还原特征为低温峰(O_{II} 峰)较强且还原温度较低，主要对应于固溶体中较高的晶格氧移动能力。当铁含量增加时($Ce_{0.8}Fe_{0.2}O_{2-\delta}$ 和 $Ce_{0.7}Fe_{0.3}O_{2-\delta}$ 样品)，O_{II} 峰向高温偏移，且峰强也有所减弱。因为这个样品中几乎没有固溶体形成，此时的 O_{II} 峰主要归结于游离 Fe_2O_3 颗粒的还原，O_{II} 峰向高温偏移并减弱的现象说明游离的 Fe_2O_3 与固溶体中铁离子相比，其低温还原能力较差、还原度也较低。另外由于固溶体的缺失，材料体相氧的还原峰(O_{III})也向高温偏移。

比较上述三个系列铈铁复合氧化物的还原能力，固溶体的形成对铈铁复合氧化物的还原能力影响巨大，铁的掺杂量越高，样品的还原能力(特别是低温还原能力)越强。固溶体中 Fe^{3+} 的还原能力强于游离的 Fe_2O_3。然而，表面高分散的 Fe_2O_3 颗粒亦有利于材料的还原，这主要归因于其与铈铁固溶体的协同作用。对于没有形成固溶体的铈铁氧化物，Fe_2O_3 与 CeO_2 间亦存在相互作用，但是这一相互作用对材料还原能力的促进作用比较有限。

6.1.3 催化性能

丙烯燃烧试验分为 10 ℃/min 程序升温、高温恒温 10 min 和 10 ℃/min 程序降温三个过程。因为程序升温过程中催化剂可能发生结构或表面性质的变化而未能显示出其本质上的催化性能，故一般在采用程序降温过程中，催化剂的活性作为表征其催化性能的参数。在催化反应前，对样品分别进行了氧化和还原预处理。图 6-15 为方法 1 制备样品催化丙烯氧化过程中丙烯转化率随反应温度的变化图。

如图 6-15a 所示，对于氧化预处理后的样品，纯 CeO_2 样品的催化性能非常差，反应温度升至 600 ℃ 时，丙烯转化率仍然不足 40%。Fe_2O_3 的添加使这一现象明显改观，$Ce_{0.95}Fe_{0.05}O_{2-\delta}$ 样品在 600 ℃ 时对应的丙烯转化率已超过 80%。增加 Fe 含量后，复合氧化物的催化性能进一步提升，至 $Ce_{0.8}Fe_{0.2}O_{2-\delta}$ 时达到最高。继续增加 Fe 含量则催化剂的催化活性又有所下降。还原预处理之后(图 6-15b)，除 $Ce_{0.95}Fe_{0.05}O_{2-\delta}$ 样品外，其与催化剂的催化性能都明显降低，而且不同铁含量复合氧化物催化性能的差异也减小。因为图 6-15 所用的数据都是程序降温的数据，还原后的催化剂在含氧气氛中均已暴露较长时间经历了再氧化阶段，说明 redox 循环处理导致材料催化性能减弱。

反应后的 XRD 和 Raman 检测(未列出)表明，反应后样品中有游离的 Fe_2O_3 存在，可能是 redox 循环导致固溶体内的 Fe^{3+} 外移所致。Lv 等[57]曾报道，$Ce_{0.8}Fe_{0.2}O_{2-\delta}$ 固溶体在还原后所有铁氧化物都被还原为金属铁，且以游离状态存在，我们的实验表明，再氧化过程中，部分铁不能够重新进入到 CeO_2 的晶格中形成新的固溶体。还原并经再氧化之后，材料中铈铁固溶体含量的降低可能是样品催化活性降低的原因。对于 $Ce_{0.95}Fe_{0.05}O_{2-\delta}$ 样品，由于其铁含量较低，固溶体可在 redox 循环过程中稳定存在，redox 循环还有可能有利于更多缺陷的形成(第三章中曾观察到此现象)，从而使其催化活性略微升高。同时我们还可以认为，氧化预处理后 $Ce_{0.8}Fe_{0.2}O_{2-\delta}$ 样品具有最高的催化活性主要由其较高的铁掺杂量(形成较丰富的固溶体)引起。

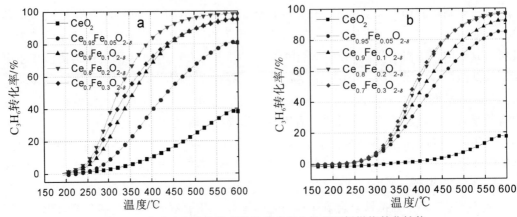

图6-15　方法1制备的铈基掺铁复合氧化物的丙烯燃烧催化性能

(a)氧化预处理；(b)还原预处理

还需指出的是，还原处理后纯 CeO_2 样品的催化活性明显降低。一般而言，CeO_2 作为催化剂的表面活性位为其本征氧空位，这说明还原预处理后的再氧化过程使 CeO_2 的本征氧空位浓度降低。

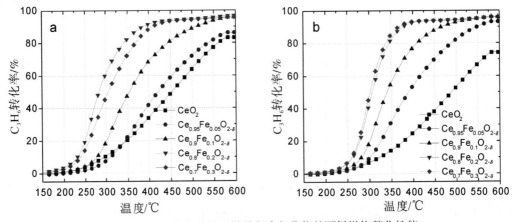

图6-16 方法2制备的铈基掺铁复合氧化物的丙烯燃烧催化性能

(a)氧化预处理；(b)还原预处理

图6-16 为方法2制备样品催化丙烯氧化过程中丙烯转化率随反应温度的变化图。如图6-16a 所示，氧化预处理后，与方法1相比，纯 CeO_2 的催化性能明显提高，这可能与其较高的比表面积有关。对于铈铁复合氧化物，其活化活性随铁含量的变化趋势与方法1制备的样品相同：所有样品中 $Ce_{0.8}Fe_{0.2}O_{2-\delta}$ 显出最高的催化性能。还原预处理后(图6-16b)，纯 CeO_2 和 $Ce_{0.8}Fe_{0.2}O_{2-\delta}$ 对应的丙烯转化率略微下降，但 $Ce_{0.95}Fe_{0.05}O_{2-\delta}$ 和 $Ce_{0.9}Fe_{0.1}O_{2-\delta}$ 样品的活性性能则明显上升，$Ce_{0.7}Fe_{0.3}O_{2-\delta}$ 对应的丙烯转化率则在高温阶段(>300 ℃)略微升高。还原后的系列样品中，$Ce_{0.7}Fe_{0.3}O_{2-\delta}$ 的催化活性最高。如前文所述，CeO_2 还原后催化性能的降低可能是由于本征缺陷的减少引起，而铈铁固溶体($Ce_{0.8}Fe_{0.2}O_{2-\delta}$)在还原后催化性能的降低可能是由于还原导致的 redox 循环使部分铁离子移出氧化铈晶格而造成铁掺杂量降低引起。对于还原处理后催化性能反而升高的铈铁固溶体($Ce_{0.95}Fe_{0.05}O_{2-\delta}$ 和 $Ce_{0.9}Fe_{0.1}O_{2-\delta}$)可能是由铁含量较低时 redox 循环不但没有破

坏已形成的固溶体反而引起材料氧缺陷增加导致。

总体而言，与方法 1 制备的样品相比，方法 2 制备的铈铁复合氧化物具有更高的催化活性，而且还原预处理导致活性升高的样品也增多，这应该也与该系列材料的结构特征有关。XRD(图 6-2)和 Raman(图 6-5)检测表明，方法 2 制备的铈铁复合氧化物中铁的掺杂量明显高于其他两个系列，说明此方法更有利于铈铁固溶体的形成。因此，还原后的 redox 循环导致铈铁固溶体分解出游离氧化铁的可能性大大降低。$Ce_{0.95}Fe_{0.05}O_{2-\delta}$ 和 $Ce_{0.9}Fe_{0.1}O_{2-\delta}$(方法 1 中只有 $Ce_{0.95}Fe_{0.05}O_{2-\delta}$)在还原后的催化测试中显出了较好的活性。

方法 2 制备的 $Ce_{0.7}Fe_{0.3}O_{2-\delta}$ 在还原预处理后其催化活性升高的现象非常有趣。$Ce_{0.8}Fe_{0.2}O_{2-\delta}$ 由于还原预处理引起部分掺杂铁迁移出固溶体而导致样品催化活性减弱。$Ce_{0.7}Fe_{0.3}O_{2-\delta}$ 中铁的掺杂量更高，可以推测还原预处理应该造成更多游离 Fe_2O_3 形成，但预处理后其催化性能却略微升高。结合 XRD(图 6-2)和 Raman(图 6-5)的检测结果，这应该与其表面高分散的 Fe_2O_3 颗粒有关。表面高分散的 Fe_2O_3 还原后的再氧化物种应该也是一类催化丙烯氧化的活性物种，而且其能够在氧化还原过程中保持稳定。

图 6-17 为方法 3 制备样品催化丙烯氧化过程中丙烯转化率随反应温度的变化图。如图 6-17a 所示，与方法 1 和 2 两个系列样品显著不同，方法 3 制备的系列样品中 $Ce_{0.9}Fe_{0.1}O_{2-\delta}$ 的催化活性最高，而在还原之后(图 6-17b)所有样品对应的丙烯转化率都降低。XRD(图 6-2)和 Raman(图 6-5)检测结果表明，方法 3 制备的系列复合氧化物中只有 $Ce_{0.95}Fe_{0.05}O_{2-\delta}$ 和 $Ce_{0.9}Fe_{0.1}O_{2-\delta}$ 形成非常有限的铈铁固溶体，其中 $Ce_{0.9}Fe_{0.1}O_{2-\delta}$ 中铁的掺杂量略高。$Ce_{0.9}Fe_{0.1}O_{2-\delta}$ 的催化活性最高印证了上述结论：固溶体在对铈铁复合氧化物的催化性能至关重要。但无固溶体的 $Ce_{0.7}Fe_{0.3}O_{2-\delta}$ 的催化活性高于 $Ce_{0.95}Fe_{0.05}O_{2-\delta}$ 的事实表明，铈铁氧化物接触形成的界面也具有不可忽略的催化作用。还原之后，所有铈铁样品的催化活性几乎相当，可能是因为还原导致所有样品中固溶体都缺失，其催化活性位主要是铈铁氧化物的界面层，而这一界面层的数量随铁含量变化不大(Fe 含量较高时 Fe_2O_3 颗粒较大，表面积降低)引起。

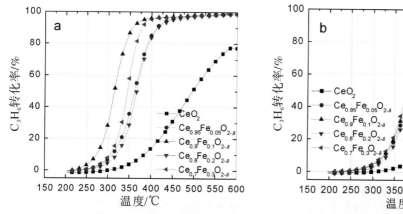
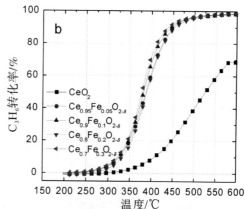

图 6-17　方法 3 制备的铈基掺铁复合氧化物的丙烯燃烧催化性能
(a)氧化预处理，(b)还原预处理

图 6-18 对比了氧化预处理后，三个系列催化剂中各组性能最好样品(方法 1 $Ce_{0.8}Fe_{0.2}O_{2-\delta}$、方法 2 $Ce_{0.8}Fe_{0.2}O_{2-\delta}$ 和方法 3 $Ce_{0.9}Fe_{0.1}O_{2-\delta}$)的催化活性。图中每个样

品都列出了程序升温和降温两个过程的丙烯转化率。

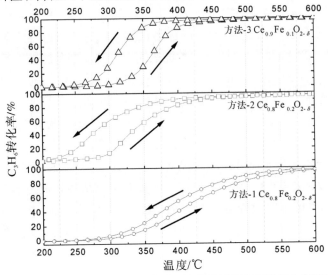

图 6-18　氧化预处理后不同样品对应程序升温和降温过程中丙烯转化率随温度变化图

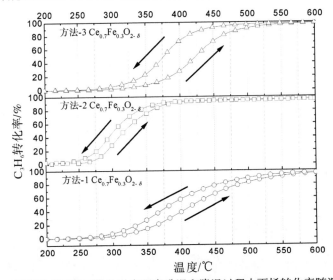

图 6-19　还原预处理后不同样品对应程序升温和降温过程中丙烯转化率随温度变化图

如图 6-18 所示，升序降温过程中丙烯的转化率明显高于升温过程，这主要是因为反应过程对材料有一定的活化过程以及转化率相对于温度的滞后效应引起。三个样品中，方法 2 制备的 $Ce_{0.8}Fe_{0.2}O_{2-\delta}$ 样品具有最低的起燃温度（225 ℃左右），但方法 3 制备的 $Ce_{0.9}Fe_{0.1}O_{2-\delta}$ 对应的丙烯转化率随温度的升高速率非常快，特别是降温过程，当温度超350 ℃其催化活性已超过方法 2 制备的 $Ce_{0.8}Fe_{0.2}O_{2-\delta}$ 样品。

图 6-19 对比了还原预处理后，三个系列催化剂中各组性能最好样品（均为 $Ce_{0.7}Fe_{0.3}O_{2-\delta}$）的催化活性。一个有趣的现象是，升温和降温过程中丙烯的转化率差距明显减小，说明还原预处理对材料的修饰作用使材料在升温反应过程中很快稳定，从而在降温过程中亦显示出相似的活性。三个样品相比，方法 2 制备的催化剂显出了明显的优势，这应该与其表面高分散的 Fe_2O_3 有关。由此可见，无论是氧化还是还原预处理后，方法 2 制备的

样品都具有较高的催化活性。

将 XRD 和 Raman、H_2-TPR、N_2 吸附/脱附曲线以及比表面积等测试结果与催化剂的催化活性相关联，我们可以发现铈铁复合氧化物催化剂催化丙烯氧化的结构敏感性。研究表明，尽管固溶体的形成对催化剂的催化活性影响非常大，但催化剂的催化活性并不随铁掺杂量的升高而线性增加。因为方法 3 制备的 $Ce_{0.9}Fe_{0.1}O_{2-\delta}$ 样品中铁掺杂量远低于方法 1 中的 $Ce_{0.8}Fe_{0.2}O_{2-\delta}$ 样品，但前者的催化活性却远高于后者。在高于 $40\ m^2/g$ 时，比表面积对材料的催化性能影响不大。例如，方法 1 和方法 3 制备的 $Ce_{0.9}Fe_{0.1}O_{2-\delta}$ 样品的比表面积相差不大，但是前者的催化性能却远低于后者，这可能与方法 3 制备样品中有较丰富的孔结构有关。但是，多孔性质对材料催化性能的影响非常有限。例如，方法 2 制备的系列样品中 $Ce_{0.9}Fe_{0.1}O_{2-\delta}$ 样品中含有丰富的介孔，但是其催化性能却远低于多孔性质较差的方法 2 制备的 $Ce_{0.9}Fe_{0.1}O_{2-\delta}$ 样品。材料的还原性能对催化活性的影响也不明显，例如方法 1 和方法 2 制备 $Ce_{0.8}Fe_{0.2}O_{2-\delta}$ 样品的还原性相差不大(峰型和峰温都几乎相同)，但前者催化活性却远低于后者。

比较三个系列催化剂，关于铈铁复合氧化物结构与催化性能的关联性有两点可以肯定：①铈铁固溶体的形成有利于铈铁复合氧化物催化剂催化性能的提高；②表面高分散氧化铁的出现对于还原后催化剂保持高活性有重要意义。与此同时，由于比表面积、孔结构和还原性对铈铁材料催化性能的影响，材料的催化性能并不随固溶体中铁掺杂量的增加而线性升高。此外，虽然上述三因素并不孤立地影响材料的催化性能，但任何一个因素的破坏都有可能导致材料催化性能的急剧下降。

6.2 氧化铁基复合氧化物的催化性能

6.2.1 铈含量的影响

氧化铁基复合氧化物与第 4 章中的相关材料完全相同，因为第三章中已经对该系列材料的结构(XRD、Raman 和 TEM)和还原性能(H_2-TPR)进行了较深入的研究，本章中我们直接讨论铈含量对材料催化性能的影响。

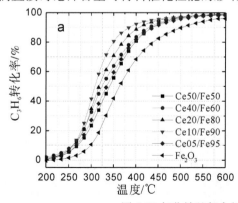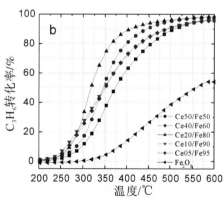

图 6-20 氧化铁基复合氧化物的丙烯燃烧催化性能

(a)氧化预处理；(b)还原预处理

　　图 6-20 为不同 Ce 含量氧化铁基复合氧化物催化丙烯燃烧过程中丙烯转化率随反应温度的变化曲线。图 6-21 为 Ce10/Fe90 和 Ce20/Fe80 样品对应程序升温和降温过程中丙烯转化率的对比图。如图 6-20a 所示，纯 Fe_2O_3 拥有较好的催化丙烯燃烧活性，丙烯转化率随反应温度急剧升高，至 500 ℃时已超过 90%。Fe_2O_3 的添加对材料催化性能有明显的提升，这说明铈铁氧化物在催化过程中有明显的协同作用。在系列样品中 Ce10/Fe90 显示出最高的催化性能。第四章中 XRD(图 4-5)和 Raman(图 4-6)的检测表明，在铈含量较低的氧化铁基材料中，不仅有氧化铈基固溶体还有氧化铁基固溶体的形成，这无疑会提高材料的催化性能。更重要的是，TEM 检测(图 4-9)表明，Ce10/Fe90 和 Ce20/Fe80 样品(特别是 Ce10/Fe90)中 Fe_2O_3 主要以棒状形式存在，而 CeO_2 颗粒则分散在 Fe_2O_3 棒上且 CeO_2 颗粒非常小(5～10nm)，没有出现 CeO_2 颗粒因为高温焙烧而团聚的现象，另外 Fe_2O_3 棒团聚的现象也不明显。高分辨的 TEM 图像还显示，CeO_2 与 Fe_2O_3 间形成了明显的界面层。据 6.1.3 节的分析认为，铈铁氧化物间形成的界面层也是催化丙烯燃烧的活性物种，因此高分散的 CeO_2 纳米颗粒与 Fe_2O_3 棒形成丰富的界面应该是 Ce10/Fe90 具有较高催化活性的关键。

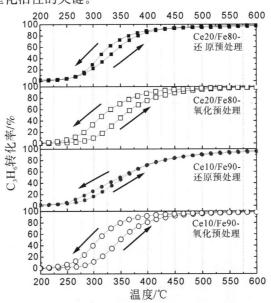

图 6-21　Ce10/Fe90 和 Ce20/Fe80 样品对应程序升温和降温过程中丙烯转化率随温度变化图

　　还原预处理之后(图 6-20b)，纯 Fe_2O_3 样品的催化活性急剧下降，Ce05/Fe95 和 Ce10/Fe90 样品的催化活性略微降低，但是 Ce20/Fe80 的催化活性却在大于 300 ℃时略微升高，而 Ce40/Fe60 和 Ce50/Fe50 则变化不大。图 6-21 中还可以看出，还原预处理后升温和降温阶段丙烯转化率的差距非常小，说明在升温阶段催化剂可能迅速被重新氧化，这有可能导致材料组分或结构的变化。

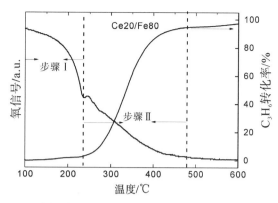

图 6-22　Ce20/Fe80 样品催化过程中程序升温阶段氧消耗与丙烯转化率的关系图

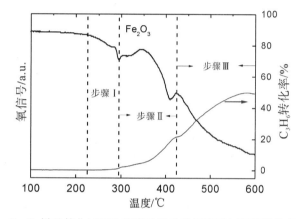

图 6-23　Fe$_2$O$_3$ 样品催化过程中程序升温阶段氧消耗与丙烯转化率的关系图

图 6-22 给出了还原预处理后，Ce20/Fe80 的程序升温反应阶段 O$_2$ 浓度随反应进行的变化曲线，并将其对应于丙烯转化率。由图可知，O$_2$ 的消耗分为两个阶段，第一阶段中 O$_2$ 消耗时丙烯燃烧还未发生，说明这阶段 O$_2$ 主要用于催化剂的再氧化；第二阶段氧浓度的降低与丙烯转化率的升高趋势非常吻合，说明此阶段的氧消耗主要用于丙烯氧化。对于纯 Fe$_2$O$_3$（见图 6-23），其对应的氧消耗则分为三阶段：第一阶段在低温阶段，丙烯转化尚未开始，主要对应于催化剂的再氧化；第二阶段氧的消耗与丙烯转化率并不对称，说明丙烯氧化的同时伴随着催化剂的氧化；第三阶段则主要对应于丙烯的燃烧。值得注意的是，Ce20/Fe80 氧化的温度在低于 100 ℃时已经开始且非常迅速，至 240 ℃时已基本完成，而纯 Fe$_2$O$_3$ 的再氧化则在高于 150 ℃时才发生，并且第一阶段的氧消耗非常有限，说明 600 ℃还原后的 Fe$_2$O$_3$ 在低温时不易被氧化。这说明 CeO$_2$ 的添加促进了材料的再氧化性能。Fe$_2$O$_3$ 不易被再氧化可能是其还原预处理后催化性能显著降低的主要因素，Ce05/Fe95 和 Ce10/Fe90 样品的催化活性略微降低，应该与其较高的 Fe 含量有关。

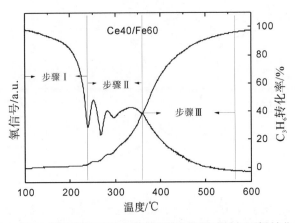

图 6-24　Ce40/Fe60 样品催化过程中程序升温阶段氧消耗与丙烯转化率的关系图

图 6-24 为还原预处理后，Ce40/Fe60 的程序升温反应阶段 O_2 浓度和丙烯转化率随反应进行的变化曲线。其对应的氧消耗过程也分为三个阶段：第一阶段对应于催化剂的再氧化；第二阶段为催化剂氧化和丙烯氧化同时发生；第三阶段主要为丙烯的氧化。值得注意的是，第二阶段有两个氧消耗峰，因为还原的铈氧化物极易在低温氧化，这两个氧消耗峰应该归属为铁物种的分步氧化。然而，图 6-22 中 Fe 含量更高的 Ce20/Fe80 在反应过程中却没出现类似的氧消耗峰，这说明 CeO_2 含量对还原铁物种的再氧化过程有明显的影响，铈含量过高时铁物种的再氧化过程变缓。

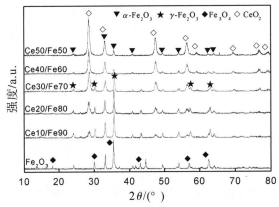

图 6-25　还原预处理后并经催化反应后样品的 XRD 图谱

图 6-25 为还原预处理后系列氧化铁基样品经催化反应后的 XRD 图谱。如图所示，纯 Fe_2O_3 样品经过反应后的主要成分为 $\alpha\text{-}Fe_2O_3$、$\gamma\text{-}Fe_2O_3$ 和 Fe_3O_4，说明还原之后部分铁物种不能完全被氧化为 Fe_2O_3。对于铈铁样品，Ce05/Fe95 在反应后的主要成分为 $\gamma\text{-}Fe_2O_3$、CeO_2 和 $\alpha\text{-}Fe_2O_3$，随着铁含量的增加，$\gamma\text{-}Fe_2O_3$ 的衍射峰逐渐减弱而 $\alpha\text{-}Fe_2O_3$ 逐渐增强，至 Ce40/Fe60 在时 $\gamma\text{-}Fe_2O_3$ 的衍射峰消失，材料的主要成分为 CeO_2 和 $\alpha\text{-}Fe_2O_3$。纯 Fe_2O_3 样品中 Fe_3O_4 的出现可能是还原预处理后其催化性能减弱的原因，这说明 Fe^{3+} 是催化丙烯氧化的活性物种。而 Ce40/Fe60 和 Ce50/Fe50 样品还原预处理后其催化性能没有明显改变也与其反应前后成分未发生改变相一致。但是 $\gamma\text{-}Fe_2O_3$ 的出现对材料催化性能的影响尚不明确，尽管 Ce05/Fe95 和 Ce10/Fe90 的催化性能在预还原后有所减弱，

但 Ce20/Fe80 在预还原后、高于 300 ℃的反应条件下丙烯转化率反而略有升高。为了更深入地认识 γ-Fe₂O₃ 作用，我们还制备了纯的 γ-Fe₂O₃ 和不同暴露晶面的 α-Fe₂O₃，并考察了他们的催化丙烯的燃烧活性。

图 6-26 为不同暴露晶面 α-Fe₂O₃ 样品和常规 γ-Fe₂O₃ 的 XRD 图谱。如图所示，第一个 Fe₂O₃ 样品（α-Fe₂O₃-1）显示出典型的 α-Fe₂O₃ 衍射峰。第二个 Fe₂O₃ 样品（α-Fe₂O₃-2）依然为 α-Fe₂O₃ 的主晶相，但在 {024} 和 {300} 晶面择优生长。第三个 Fe₂O₃ 样品（α-Fe₂O₃-3）则在 {006} 和 {1，0，10} 晶面择优生长非常明显。第四个样品（maghemite）显示出典型的 γ-Fe₂O₃ 衍射峰，但含有少量 α-Fe₂O₃ 杂质。与 α-Fe₂O₃-1 相比，α-Fe₂O₃-2 和 γ-Fe₂O₃ 样品的衍射峰有明显的宽化趋势，说明材料颗粒较小。

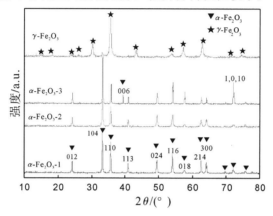

图 6-26　不同铁氧化物的 XRD 图谱

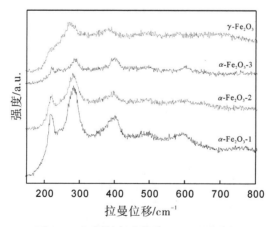

图 6-27　不同铁氧化物的 Raman 光谱图

图 6-26 是不同暴露晶面 α-Fe₂O₃ 样品和常规 γ-Fe₂O₃ 的 Raman 光谱图。α-Fe₂O₃-1 样品在 220 cm⁻¹、286 cm⁻¹、404 cm⁻¹、494 cm⁻¹ 和 604 cm⁻¹ 附近有五个 Raman 峰，为典型的 α-Fe₂O₃ 的 Raman 震动模式。α-Fe₂O₃-2 样品的 Raman 图谱与 α-Fe₂O₃-1 一致，只是峰强较弱，有可能是材料颗粒较小引起。α-Fe₂O₃-3 样品的 Raman 峰与前两个样品有明显的不同：一方面其 286 cm⁻¹ 处的 Raman 峰都向高波束偏移，另一方面494 cm⁻¹ 处的 Raman 峰的相对强度显著升高。这些变化与其在 {006} 和 {1，0，10} 晶面的择

优生长有关。对于 γ-Fe$_2$O$_3$ 样品，其在 240 cm^{-1} 和 380 cm^{-1} 附近的两个Raman峰表明其为 γ-Fe$_2$O$_3$ 相。

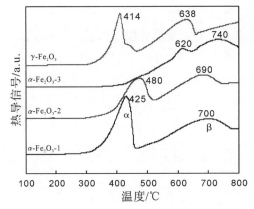

图 6-28　不同铁氧化物的 H$_2$-TPR 图谱

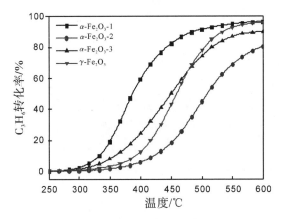

图 6-29　不同铁氧化物的催化丙烯燃烧性能

图 6-28 为不同暴露晶面 α-Fe$_2$O$_3$ 样品和常规 γ-Fe$_2$O$_3$ 的 H$_2$-TPR 图谱。如图所示，低于 800 ℃ 的温度范围内所有氧化物都显出两个还原峰。在主晶相为 α-Fe$_2$O$_3$ 的三个样品中，α-Fe$_2$O$_3$-1 的还原峰温度最低，而 α-Fe$_2$O$_3$-3 的峰温最高，特别是第一个代表 Fe$_2$O$_3$ 表面 Fe^{3+} 还原的峰，由 α-Fe$_2$O$_3$-1 的 425 ℃ 升至 α-Fe$_2$O$_3$-3 的 620 ℃。值得注意的是，尽管 XRD 和 Raman 测试表明，α-Fe$_2$O$_3$-2 样品的晶粒半径小于 α-Fe$_2$O$_3$-1，但其还原温度却较高，说明暴露 ｛024｝ 和 ｛300｝ 晶面对 Fe$_2$O$_3$ 的还原性能不利。与 α-Fe$_2$O$_3$ 样品相比，γ-Fe$_2$O$_3$（maghemite 样品）的还原峰温最低，说明其更易被还原。

图 6-29 为不同暴露晶面 α-Fe$_2$O$_3$ 样品和常规 γ-Fe$_2$O$_3$ 催化丙烯燃烧性能。如图可知，α-Fe$_2$O$_3$-1 样品的活性远高于 maghemite 样品，而 α-Fe$_2$O$_3$-3 的活性则与 γ-Fe$_2$O$_3$ 样品相当，α-Fe$_2$O$_3$-2 的活性最差。这一现象说明 α-Fe$_2$O$_3$ 与 γ-Fe$_2$O$_3$ 相比具备更强的催化丙烯燃烧活性。而且过分暴露 ｛024｝、｛300｝、｛006｝ 和 ｛1，0，10｝ 晶面并不利于 α-Fe$_2$O$_3$ 催化活性的提高。再者，α-Fe$_2$O$_3$ 还原性能与其催化活性并无直接关联，因为还原性极差的 α-Fe$_2$O$_3$-3 样品的催化活性高于还原性较好的 α-Fe$_2$O$_3$-2 样品。

上述结果表明 α-Fe$_2$O$_3$ 的催化丙烯燃烧活性远高于 γ-Fe$_2$O$_3$，因此可以认为，预还原导致 Ce05/Fe95 和 Ce10/Fe90 催化活性降低的现象应该是由部分 α-Fe$_2$O$_3$ 在催化反应中转化为 γ-Fe$_2$O$_3$ 引起。然而，预还原后出现 γ-Fe$_2$O$_3$ 相的 Ce20/Fe80 样品催化活性却没有明显下降的现象，还未得到合理解释。鉴于此我们研究了不同预处理温度对 Ce20/Fe80 催化活性的影响。

6.2.2 预处理还原温度的影响

图 6-30 为不同温度下的预还原处理对 Ce20/Fe80 和纯 Fe$_2$O$_3$ 催化丙烯燃烧活性的影响。

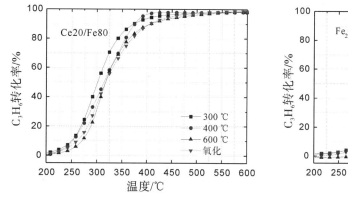
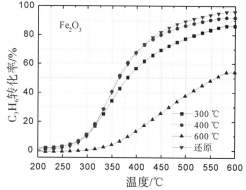

图 6-30 预处理还原温度对 Ce20/Fe80 和 Fe$_2$O$_3$ 催化丙烯燃烧性能的影响

如图所示，对于纯 Fe$_2$O$_3$ 样品，在所研究的还原温度（300 ℃、400 ℃和 600 ℃）范围内，还原预处理均造成其催化活性的降低。相比较而言，较低的还原温度（300 ℃或 400 ℃）对其催化活性的负面影响较小。对于 Ce20/Fe80 样品，还原预处理则有利于其催化活性的提高，特别是样品在经 300 ℃和 400 ℃预还原后，后续催化反应过程中丙烯的转化率明显较高。

上述催化剂性能的变化都与其结构演变相关。如图 6-31 所示，对于纯 Fe$_2$O$_3$ 样品，600 ℃还原后，其主要成分为 α-Fe$_2$O$_3$、γ-Fe$_2$O$_3$ 和 Fe$_3$O$_4$，晶相的转变是其催化活性显著降低的原因。经 300 ℃或 400 ℃还原预处理后，其主要晶相仍然为 Fe$_2$O$_3$，但是其催化活性依然有所下降，这说明即便没有发生晶相转变，还原预处理仍然不利于 Fe$_2$O$_3$ 的催化性能。这可能是由于还原预处理后的再氧化过程使材料的表面性质发生变化。但以目前的数据还无法得知其发生了何种变化。

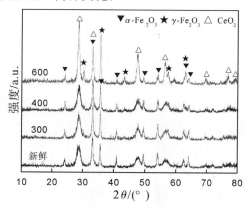

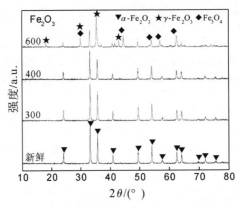

图 6-31　还原温度对 Ce20/Fe80 和 Fe$_2$O$_3$ XRD 图谱的影响

对于 Ce20/Fe80 样品，600 ℃ 预还原的样品催化反应后的主要成分为 α-Fe$_2$O$_3$、γ-Fe$_2$O$_3$ 和 CeO$_2$，即有部分 α-Fe$_2$O$_3$ 转化为 γ-Fe$_2$O$_3$。而且与新鲜的样品相比，CeO$_2$ 的衍射峰明显尖锐化且强度大幅增强，这说明还原预处理引起的 redox 循环导致 CeO$_2$ 颗粒急剧长大。300 ℃ 或 400 ℃ 预还原的样品，在反应后的 XRD 图谱则观察不到 γ-Fe$_2$O$_3$ 的出现，而且 CeO$_2$ 的衍射峰明显尖锐化。这说明低温的 redox 循环不会导致材料结构和组分上的巨大变化。上述研究表明，γ-Fe$_2$O$_3$ 的催化丙烯燃烧活性远低于 α-Fe$_2$O$_3$，而 CeO$_2$ 颗粒的长大对材料的催化性能也有不利影响。然而，600 ℃ 预还原的 Ce20/Fe80 样品的催化活性并没有因为 γ-Fe$_2$O$_3$ 的出现和 CeO$_2$ 晶粒的长大而降低，这说明该材料上应该发生了某种利于其催化活性提高的变化。前文分析认为，氧化铁基铈铁复合氧化物催化剂的活性位应该主要为铈铁氧化物所形成的界面层，redox 循环很可能加强了这种铈铁间的交互界面，从而抵消了 γ-Fe$_2$O$_3$ 的出现和 CeO$_2$ 晶粒的长大对材料催化性能的不利影响。与此对应，300 ℃ 或 400 ℃ 的低温还原预处理同样能够引起铈铁界面层的加强，但却没有引起 CeO$_2$ 晶粒的生长和 α-Fe$_2$O$_3$ 的转变，从而促进了材料的催化活性。

6.3　铈基与铁基催化剂热稳定性对比

催化剂的热稳定性是其实用价值的重要体现。本节将对比利用同一种方法(方法 1)制备的 Ce$_{0.8}$Fe$_{0.2}$O$_{2-\delta}$ 和 Ce20/Fe80 样品在(600 ℃、800 ℃ 和 1000 ℃)焙烧老化后的催化活性。本实验中 600 ℃ 所得样品为沉淀物干燥直接焙烧，而 800 ℃ 和 1000 ℃ 所得样品为 600 ℃ 焙烧后的样品再经历高温焙烧。

图 6-32 为不同温度焙烧后 Ce$_{0.8}$Fe$_{0.2}$O$_{2-\delta}$ 的 XRD 和 Raman 图。XRD 图谱表明，600 ℃ 焙烧的 Ce$_{0.8}$Fe$_{0.2}$O$_{2-\delta}$ 主要以 CeO$_2$ 基固溶体的形式存在，观察不到 Fe$_2$O$_3$ 的衍射峰。800 ℃ 焙烧后，CeO$_2$ 的衍射峰尖锐化，表明颗粒长大，但依然没有 Fe$_2$O$_3$ 的晶相出现，表明材料仍主要以固溶体形式存在。1000 ℃ 焙烧后，CeO$_2$ 的衍射峰严重尖锐化，同时可以观察到明显的 Fe$_2$O$_3$ 的衍射峰。这说明，1000 ℃ 的焙烧导致材料中的 CeO$_2$ 晶粒急剧长大，并且 CeO$_2$ 基固溶体也发生解体，CeO$_2$ 晶格中的 Fe^{3+} 迁移至体相外形成游离的 Fe$_2$O$_3$ 颗粒。Raman 检测证实了 600 ℃ 焙烧的 Ce$_{0.8}$Fe$_{0.2}$O$_{2-\delta}$ 主要以 CeO$_2$ 基固溶体

形式存在的事实，也检测到了 1000 ℃ 焙烧样品中 Fe_2O_3 颗粒的存在，而且 CeO_2 F_{2g} 震动模式的蓝移也表明固溶体的逐渐消失。然而对于 800 ℃ 焙烧的样品，Raman 光谱图同样观察到了表明 Fe_2O_3 的存在（尽管 Fe_2O_3 的 Raman 峰非常弱），这与 XRD 的检测结果不一致。考虑到 XRD 技术对颗粒较小的晶粒不敏感，这说明 800 ℃ 焙烧的 $Ce_{0.8}Fe_{0.2}O_{2-\delta}$ 样品上应该有 Fe_2O_3 小颗粒（可能为无定形状态），可能也是由固溶体中的 Fe^{3+} 外迁所致。

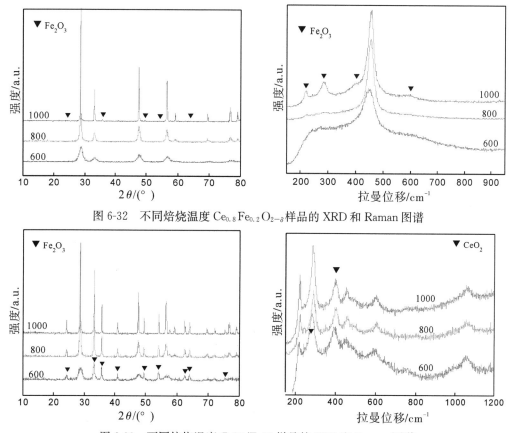

图 6-32　不同焙烧温度 $Ce_{0.8}Fe_{0.2}O_{2-\delta}$ 样品的 XRD 和 Raman 图谱

图 6-33　不同焙烧温度 Ce20/Fe80 样品的 XRD 和 Raman 图谱

图 6-33 为不同温度焙烧后 Ce20/Fe80 样品的 XRD 和 Raman 图谱。与 $Ce_{0.8}Fe_{0.2}O_{2-\delta}$ 类似，高温焙烧（特别是 1000 ℃ 焙烧）导致 Ce20/Fe80 中 CeO_2 和 Fe_2O_3 的衍射峰严重尖锐化，表面晶粒急剧长大。Ce20/Fe80 的 Raman 光谱图中 Fe_2O_3 的 Raman 峰随焙烧温度升高也明显尖锐化，但 CeO_2 的 Raman 峰的变化不十分明显，这说明在材料表面 CeO_2 颗粒可能没有因为焙烧温度的升高而快速长大。经过 1000 ℃ 的焙烧，$Ce_{0.8}Fe_{0.2}O_2$ 的比表面积为 $1.3 m^2/g$，而 Ce20/Fe80 为 $4.0~m^2/g$。

图 6-34 和图 6-35 分别为不同焙烧温度条件下 $Ce_{0.8}Fe_{0.2}O_{2-\delta}$ 和 Ce20/Fe80 样品的 H_2-TPR 图谱。如图 6-34 所示，高温焙烧不但导致 $Ce_{0.8}Fe_{0.2}O_{2-\delta}$ 的所有还原峰均向高温移动，而且还造成吸附氧的消失（O_a）并严重削弱了低温峰（O_I 和 O_{II}）的耗氢量。这说明焙烧引起材料的烧结和固溶体的解体严重破坏了 $Ce_{0.8}Fe_{0.2}O_{2-\delta}$ 的低温还原能力。Ce20/Fe80 样品的还原行为在经历高温焙烧后的表现则完全不同。如图 6-35 所示，当焙烧温度自 600 ℃ 升至 800 ℃ 时，低温还原峰（O_I 和 O_{II}）反而向低温移动，说明较高的焙烧温度增

强了 Ce20/Fe80 材料的低温还原能力。当焙烧温度升至 1000 ℃时，O_I 峰消失，O_{II} 和 O_{III} 峰向高温移动，但是移动的幅度很小且峰强没有变化。考虑到 1000 ℃焙烧后，$Ce_{0.8}Fe_{0.2}O_{2-\delta}$ 和 Ce20/Fe80 均经历了严重的烧结(其比表面积均小于 5.0 m²/g)，上述现象说明，$Ce_{0.8}Fe_{0.2}O_{2-\delta}$ 的还原能力对材料的烧结非常敏感，但是 Ce20/Fe80 样品的还原性受其比表面积影响不大，其可以在较低的比表面积下拥有较高的还原能力。

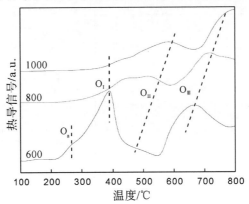

图 6-34　不同焙烧温度 $Ce_{0.8}Fe_{0.2}O_{2-\delta}$ 样品(方法 1)的 H₂-TPR 图谱

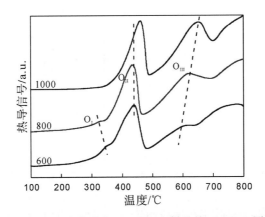

图 6-35　不同焙烧温度 Ce20/Fe80 样品的 H₂-TPR 图谱

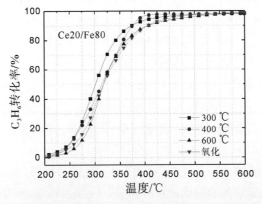

图 6-36　不同焙烧温度 $Ce_{0.8}Fe_{0.2}O_{2-\delta}$ 样品的催化丙烯燃烧性能

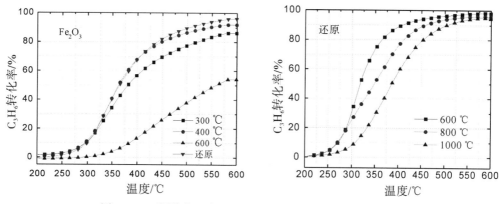

图 6-37　不同焙烧温度 Ce20/Fe80 样品的催化丙烯燃烧性能

图 6-36 和 6-37 分别为不同焙烧温度条件下 $Ce_{0.8}Fe_{0.2}O_{2-\delta}$ 和 Ce20/Fe80 样品催化丙烯燃烧过程中丙烯转化率随反应温度的变化曲线。因为 $Ce_{0.8}Fe_{0.2}O_{2-\delta}$ 在还原预处理后的催化活性较差，我们只列出了其在氧化预处理后的催化性能。如图 6-36 所示，高温焙烧导致 $Ce_{0.8}Fe_{0.2}O_{2-\delta}$ 的催化性能急剧下降，1000 ℃ 焙烧后催化剂基本失去活性。这应该是高温焙烧导致 $Ce_{0.8}Fe_{0.2}O_{2-\delta}$ 的严重烧结以及固溶体分解所致。Ce20/Fe80 样品的催化性能在焙烧过程中则表现出较好的稳定性。虽然提高焙烧温度导致 Ce20/Fe80 催化剂对应的丙烯的转化温度有所上升，但是其依然处在较高水平，特别是还原预处理后的样品，1000 ℃ 焙烧后其在 500 ℃ 的丙烯转化率依然能达到 90% 左右。

上述现象说明，与 CeO_2 基固溶体相比，氧化铁基复合氧化物具有更高的热稳定性，其还原能力和催化性能在经历严重烧结后都能保持较高水平，因此该类催化剂具有更高的实用价值。

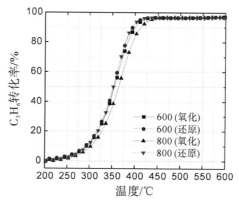

图 6-38　焙烧温度对 Ce20/Fe80/γ-Al_2O_3 丙烯燃烧催化性能的影响

为了进一步提高 Ce20/Fe80 材料的热稳定性，我们利用 γ-Al_2O_3 作为载体负载质量比为 20% 的 Ce20/Fe80 制成复合催化剂，并对比了其在 600 ℃ 和 800 ℃ 焙烧后的催化性能，如图 6.38 所示。由图可知，600 ℃ 焙烧的样品对应的丙烯转化率在 400 ℃ 即可达到 90% 以上，与纯 Ce20/Fe80 相差不大。考虑到该样品只负载了 20% 的 Ce20/Fe80 复合氧化物，这说明 Ce20/Fe80 上有丰富的活性位，在用量只有 20% 的情况下依然能够保持较高活性。800 ℃ 焙烧后，催化剂在氧化预处理的条件下催化活性略微下降，但是还原预处理后的活性与 600 ℃焙烧的样品相当。说明对于以 γ-Al_2O_3 作为载体的氧化铁基催化剂，还原预处理对催化剂的修饰作用有利于其催化活性的提高。比表面积的测试结果表明，600 ℃和 800 ℃焙烧的 Ce20/Fe80/γ-Al_2O_3 样品的比表面积分别为 157.3 m^2/g 和 136.5 m^2/g。上述结果表明，Ce20/Fe80/γ-Al_2O_3 具有极高的抗高温老化性能。

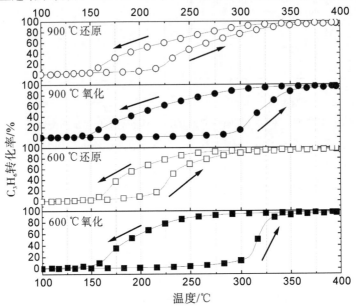

图 6-39 焙烧温度（600 ℃和 900 ℃）对 Pd/Ce20/Fe80/γ-Al_2O_3 丙烯燃烧催化性能的影响

上述实验表明在 Ce20/Fe80/γ-Al_2O_3 催化剂具有非常优越的高温稳定性，我们还研究了以 Ce20/Fe80/γ-Al_2O_3 作为贵金属载体的可行性。图 6-39 为对金属钯（Pd）负载量为 0.5％的 Pd/Ce20/Fe80/γ-Al_2O_3 催化剂在 600 ℃和 900 ℃焙烧（5h）后的催化性能。由图可知，与图 6-38 中的非贵金属催化剂 Ce20/Fe80/γ-Al_2O_3 相比，贵金属的添加导致活性剧烈升高，在降温阶段丙烯的起燃温度低至 150 ℃，而丙烯完全转化温度则可低至 270 ℃。值得关注的是，600 ℃焙烧的 Pd/Ce20/Fe80/γ-Al_2O_3 在氧化预处理后程序升温阶段的活性较差，但在降温阶段的催化活性却非常高，这表明在反应过程中贵金属催化剂经历了一个活化的过程。由于在升温阶段贵金属为氧化状态，在升温反应过程中其有可能被丙烯还原而到达活性态，从而在降温阶段拥有较高活性。还原预处理后，升温和降温阶段催化剂活性的差异明显减小，说明还原过程利于贵金属的活化。氧化和还原预处理对降温阶段催化剂的活性影响不大，说明材料预处理不影响材料在反应过程中的自活化过程。

与 600 ℃焙烧的样品相比，900 ℃焙烧后的催化剂活性略微下降，但依然保持较高水平：在降温阶段，丙烯的起燃温度依然维持在 150 ℃左右，而完全转化温度则在 310 ℃左右。在 redox 处理后，该催化剂依然保持较高活性，表明其 redox 稳定性也较高。900 ℃焙烧 5h 的老化条件已接近于商业三效催化剂的评价条件，而 0.5％的 Pd 含量也属于低贵金属添加量。因此，图 6-39 中的评价结果表明 Pd/Ce20/Fe80/γ-Al_2O_3 催化剂在催化挥发性有机物燃烧方面有较强的实用价值。

6.4　本章小结

本章通过制备三个具有不同结构特征的铈基掺铁复合氧化物，重点研究其催化丙烯燃烧的构效关系。同时还考察了氧化铁基复合氧化物催化丙烯燃烧的活性，比较了铈基和铁基材料的催化热稳定性。得到了如下结论：

（1）铈基掺铁复合氧化物具有较强的催化丙烯燃烧活性，其催化性能主要受两个因素控制：固溶体的形成和表面高分散 Fe_2O_3 的存在。固溶体的形成有利于其在氧化预处理后具有较高的催化活性，而表面高分散的 Fe_2O_3 颗粒对于还原后催化剂保持高活性有重要意义。比表面积、孔结构和还原性等性质对铈基掺铁复合氧化物的催化性能也有影响，但不是决定因素。

（2）铁基复合氧化物也具有优越的催化丙烯燃烧活性。Fe_2O_3 与 CeO_2 间的交互界面应该是催化反应的活性位。Ce10/Fe90 样品上，棒状 Fe_2O_3 与表面高分散的纳米 CeO_2 形成丰富的铈铁界面，因而具有较高的催化活性。然而，还原预处理容易导致复合氧化物中的 $\alpha\text{-}Fe_2O_3$ 向 $\gamma\text{-}Fe_2O_3$ 转变，使催化剂的活性降低。而降低预还原温度不但可以抑制 $\alpha\text{-}Fe_2O_3$ 向 $\gamma\text{-}Fe_2O_3$ 的转变，还能提高铈铁间的交互作用，从而提高催化剂的活性。

（3）与铈基掺铁复合氧化物相比，铁基材料具有更高的热稳定性，1000 ℃焙烧后其仍保持较高的催化丙烯燃烧活性。利用 Al_2O_3 作为载体，可进一步提高氧化铁基催化剂的热稳定性，而利用 Ce20/Fe80/$\gamma\text{-}Al_2O_3$ 作为载体的贵金属催化剂具备极高的催化活性和稳定性，实用价值较高。

参考文献

[1]Campbell C T, Peden C H F. Chemistry-oxygen vacancies and catalysis on ceria surfaces[J]. Science, 2005, 309: 713-714.

[2]Esch F, Fabris S, Zhou L, et al. Electron localization determines defect formation on ceria substrates [J]. Science, 2005, 309: 752-755.

[3]Trovarelli A. Catalysis by ceria and related materials[M]. London: Imperial College Press, 2002.

[4]Trovarelli A. Structural and oxygen storage/release properties of CeO_2-based solid solutions[J]. Comments Inorganic Chemistry, 1999, 20: 263-284.

[5]Vidmar P, Fornasiero P, Kašpar J, et al. Effects of trivalent dopants on the redox properties of $Ce_{0.6}$ $Zr_{0.4}O_2$ mixed oxide[J]. Journal of Catalysis, 1997, 171: 160-168.

[6]Hori C E, Permana H, Ng K Y S, et al. Thermal stability of oxygen storage properties in a mixed CeO_2-ZrO_2 system[J]. Applied Catalysis B, 1998, 16: 105-117.

[7]Si R, Zhang Y W, Li S J, et al. Urea-based hydrothermally derived homogeneous nanostructured $Ce_{1-x}Zr_xO_2$ $(x=0-0.8)$ solid solutions: a strong correlation between oxygen storage capacity and lattice strain[J]. The Journal of Physical Chemistry B, 2004, 108: 12481-12488.

[8]Dutta G, Waghmare U, Baidya T, et al. Reducibility of $Ce_{1-x}Zr_xO_2$: origin of enhanced oxygen storage capacity[J]. Catalysis Letters, 2006, 108: 165-172.

[9]Li G S, Smith R L, Inomata H. Synthesis of nanoscale $Ce_{1-x}Fe_xO_2$ solid solutions via a low-temperature approach[J]. Journal of the American Ceramic Society, 2001, 123: 11091-11092.

[10]Perez-Alonso F J, Granados M L, Ojeda M, et al. Chemical structures of coprecipitated Fe-Ce mixed oxides[J]. Chemistry of Materials, 2005, 17: 2329-2339.

[11]Cornell R M. The iron oxides : structure, properties, reactions, occurrence, and uses[M]. New York: VCH 1996: 573.

[12]Hossain M M, de Lasa H I. Chemical-looping combustion (CLC) for inherent CO_2 separations-a review[J]. Chemical Engineering Science, 2008, 63: 4433-4451.

[13]Adanez J, Abad A, Garcia-Labiano F, et al. Progress in chemical-looping combustion and reforming technologies[J]. Progress in Energy and Combustion Science, 2012, 38: 215-282.

[14]Takenaka S, Son V T D, Yamada C, et al. Methane to hydrogen by means of redox of modified iron oxides[J]. Chemistry Letters, 2003, 32: 1022-1023.

[15]Otsuka K, Yamada C, Kaburagi T, et al. Hydrogen storage and production by redox of iron oxide for polymer electrolyte fuel cell vehicles[J]. International Journal of Hydrogen Energy, 2003, 28: 335-342.

[16]Gondal M A, Hameed A, Yamani Z H, et al. Production of hydrogen and oxygen by water splitting using laser induced photo-catalysis over Fe_2O_3[J]. Applied Catalysis a-General, 2004, 268: 159-167.

[17]Johansson M, Mattisson T, Lyngfelt A, Investigation of Fe_2O_3 with $MgAl_2O_4$ for chemical-looping combustion[J]. Industrial & Engineering Chemistry Research, 2004, 43: 6978-6987.

[18]Takenaka S, Kaburagi T, Yamada C, et al. Storage and supply of hydrogen by means of the redox of the iron oxides modified with Mo and Rh species[J]. Journal of Catalysis, 2004, 228: 66-74.

[19]Takenaka S, Hanaizumi N, Son V T D, et al. Production of pure hydrogen from methane mediated by the redox of Ni- and Cr-added iron oxides[J]. Journal of Catalysis, 2004, 228: 405-416.

[20]Ryu J C, Lee D H, Kang K S, et al. Effect of additives on redox behavior of iron oxide for chemical hydrogen storage[J]. Journal of Industrial and Engineering Chemistry, 2008, 14: 252-260.

[21]Chen S Y, Shi Q L, Xue Z P, et al. Experimental investigation of chemical-looping hydrogen generation using Al_2O_3 or TiO_2-supported iron oxides in a batch fluidized bed[J]. International Journal of Hydrogen Energy, 2008, 36: 8915-8926.

[22]Wang H, Liu X J, Wen F. Hydrogen production by the redox of iron oxide prepared by hydrothermal synthesis[J]. International Journal of Hydrogen Energy, 2012, 37: 977-983.

[23]Perez-Alonso F J, Granados M L, Ojeda M, et al. Relevance in the Fischer-Tropsch synthesis of the formation of Fe-O-Ce interactions on iron-cerium mixed oxide systems[J]. Journal of Physical Chemistry B, 2006. , 110: 23870-23880.

[24]Perez-Alonso F J, Melian-Cabrera I, Granados M L, et al. Synergy of $Fe_xCe_{1-x}O_2$ mixed oxides for N_2O decomposition[J]. Journal of Catalysis, 2006, 239: 340-346.

[25]Perez-Alonso F J, Herranz T, Rojas S, et al. Evolution of the bulk structure and surface species on Fe-Ce catalysts during the Fischer-Tropsch synthesis[J]. Green Chemistry, 2007, 9: 663-670.

[26]Liu Y, Sun D Z. Effect of CeO_2 doping on catalytic activity of $Fe_2O_3/\gamma\text{-}Al_2O_3$ catalyst for catalytic wet peroxide oxidation of azo dyes[J]. Journal of Hazardous Materials, 2007, 143: 448-454.

[27]Perez-Alonso F J, Ojeda M, Herranz T, et al. Carbon dioxide hydrogenation over Fe-Ce catalysts [J]. Catalysis Communications, 2008, 9: 1945-1948.

[28]Singh P, Hegde M S. Controlled synthesis of nanocrystalline CeO_2 and $Ce_{1-x}M_xO_2$-delta (M = Zr, Y, Ti, Pr and Fe) solid solutions by the hydrothermal method: structure and oxygen storage capacity[J]. Journal of Solid State Chemistry, 2008, 181: 3248-3256.

[29]Sakurai S, Namai A, Hashimoto K, et al. First observation of phase transformation of all Four Fe_2O_3 Phases ($\gamma \rightarrow \varepsilon \rightarrow \beta \rightarrow \alpha$-Phase) [J]. Journal of the American Chemical Society, 2009, 131: 18299-18303.

[30]Minervini L, Zacate M O, Grimes R W. Defect cluster formation in M_2O_3-doped CeO_2 [J]. Solid State Ionics, 2009, 116: 339-349.

[31]李岚, 胡庚申, 鲁继青, 等. CeO_2基固溶体氧缺位拉曼光谱表征的研究进展[J]. 物理化学学报, 2012, 28: 1012-1020.

[32]Laguna O H, Centeno M A, Arzamendi G, et al. Iron-modified ceria and Au/ceria catalysts for total and preferential oxidation of CO (TOX and PROX) [J]. Catalysis Today, 2010, 157: 155-159.

[33]Laguna O H, Romero Sarria F, Centeno M A, et al. Gold supported on metal-doped ceria catalysts (M=Zr, Zn and Fe) for the preferential oxidation of CO(PROX) [J]. Journal of Catalysis, 2010, 276: 360-370.

[34]Laguna O H, Centeno M A, Boutonnet M, et al. Fe-doped ceria solids synthesized by the microemulsion method for CO oxidation reactions[J]. Applied Catalysis B, 2011, 106: 621-629.

[35]Yan D X, Wang H, Li K Z, et al. Structure and catalytic property of $Ce_{1-x}Fe_xO_2$ mixed oxide catalysts for low temperature soot combustion[J]. Acta Physico-Chimica Sinica, 2010, 26: 331-337.

[36]Liang C H, Ma Z Q, Lin H Y, et al. Template preparation of nanoscale $Ce_xFe_{1-x}O_2$ solid solutions and their catalytic properties for ethanol steam reforming[J]. Journal of Materials Chemistry, 2009, 19: 1417-1424.

[37]Lin H Y, Ma Z Q, Ding L, et al. Preparation of nanoscale $Ce_xFe_{1-x}O_2$ solid solution catalyst by the template method and its catalytic properties for ethanol steam reforming[J]. Chinese Journal of Catalysis, 2008, 29: 418-420.

[38]Kaneko H, Ishihara H, Taku S, et al. Cerium ion redox system in $CeO_{2-x}Fe_2O_3$ solid solution at high temperatures (1273-1673K) in the two-step water-splitting reaction for solar H_2 generation[J]. Journal of Materials Science, 2008, 43: 3153-3161.

[39]Neri G, Bonavita A, Rizzo G, et al. A study of the catalytic activity and sensitivity to different alcohols of CeO_2-Fe_2O_3 thin films[J]. Sensors and Actuators B: Chemical, 2005, 111: 78-83.

[40]Neri G, Bonavita A, Rizzo G, et al. Methanol gas-sensing properties of CeO_2-Fe_2O_3 thin films[J]. Sensors and Actuators B: Chemical, 2006, 114: 687-695.

[41]Bao H Z, Chen X, Fang J, et al. Structure-activity relation of Fe_2O_3-CeO_2 composite catalysts in CO oxidation[J]. Catalysis Letters, 2008, 125: 160-167.

[42]Li K Z, Wang H, Wei Y G, et al. Preparation and characterization of $Ce_{1-x}Fe_xO_2$ complex oxides and its catalytic activity for methane selective oxidation[J]. Journal of Rare Earths, 2008, 26: 245-249.

[43]Reddy A S, Chen C Y, Chen C C, et al. Synthesis and characterization of Fe/CeO_2 catalysts: Epoxidation of cyclohexene[J]. Journal of Molecular Catalysis A: Chemical, 2010, 318: 60-67.

[44]Zhang Z L, Han D, Wei S J, et al. Determination of active site densities and mechanisms for soot combustion with O_2 on Fe-doped CeO_2 mixed oxides[J]. Journal of Catalysis, 2010, 276: 16-23.

[45]Reddy G K, Boolchand P, Smirniotis P G. Sulfur tolerant metal doped Fe/Ce catalysts for high temperature WGS reaction at low steam to CO ratios-XPS and mossbauer spectroscopic study[J]. Journal of Catalysis, 2011, 282: 258-269.

[46]Zhang T S, Hing P, Huang H T, et al. Densification, microstructure and grain growth in the CeO_2-Fe_2O_3 system ($0 \leqslant Fe/Ce \leqslant 20\%$)[J]. Journal of the European Ceramic Society, 2001, 21: 2221-2228.

[47]王海利. 铈铁固溶体的制备及表征[D]. 长沙: 中南大学, 2010.

[48]宴冬霞. 铈铁基复合氧化物的制备及其催化碳烟燃烧性能研究[D]. 昆明: 昆明理工大学, 2010.

[49]Aneggi E, de Leitenburg C, Dolcetti G, et al. Promotional effect of rare earths and transition metals in the combustion of diesel soot over CeO_2 and CeO_2-ZrO_2[J]. Catalysis Today, 2006, 114: 40-47.

[50]Qiao D, Lu G, Liu X, et al. Preparation of $Ce_{1-x}Fe_xO_2$ solid solution and its catalytic performance for oxidation of CH_4 and CO[J]. Journal of Materials Science, 2011, 46: 3500-3506.

[51] Kamimura Y, Sato S, Takahashi R, et al. Synthesis of 3-pentanone from 1-propanol over CeO_2-Fe_2O_3 catalysts[J]. Applied Catalysis a-General, 2003, 252: 399-410.

[52]Wang X, Gorte R J. The effect of Fe and other promoters on the activity of Pd/ceria for the water-gas shift reaction[J]. Applied Catalysis a-General, 2003, 247: 157-162.

[53]Liu C W, Luo L T, Lu X. Preparation of mesoporous $Ce_{1-x}Fe_xO_2$ mixed oxides and their catalytic properties in methane combustion[J]. Kinetics and Catalysis, 2008, 49: 676-681.

[54]Laguna O H, Romero Sarria F, Centeno M A, et al. Gold supported on metal-doped ceria catalysts (M = Zr, Zn and Fe) for the preferential oxidation of CO (PROX) [J]. Journal of Catalysis, 2010, 276: 360-370.

[55]Kaneko H, Miura T, Ishihara H, et al. Reactive ceramics of CeO_2-MO_x (M = Mn, Fe, Ni, Cu) for H_2 generation by two-step water splitting using concentrated solar thermal energy[J]. Energy,

2007，32：656-663.

[56]Massa P，Dafinov A，Cabello F M，et al. Catalytic wet peroxide oxidation of phenolic solutions over Fe_2O_3/CeO_2 and WO_3/CeO_2 catalyst systems[J]. Catalysis Communications，2008，9：1533-1538.

[57]Lv H，Tu H Y，Zhao B Y，et al. Synthesis and electrochemical behavior of $Ce_{1-x}Fe_xO_2$-delta as a possible SOFC anode materials[J]. Solid State Ionics，2007，177：3467-3472.

[58]赵震，刘坚，梁鹏一，等. 柴油机尾气净化催化剂的最新研究进展[J]. 催化学报，2008，29：303-312.

[59]Carja G，Delahay G，Signorile C，et al. Fe-Ce-ZSM-5 a new catalyst of outstanding properties in the selective catalytic reduction of NO with NH_3[J]. Chemical Communications，2010，2004：1404-1405.

[60]Muroyama H，Hano S，Matsui T，et al. Catalytic soot combustion over CeO_2-based oxides[J]. Catalysis Today，2010，153：133-135.

[61]乔东升. 铈基复合氧化物的制备及对 CH_4 和 CO 氧化反应的催化性能研究[D]. 上海：华东理工大学. 2010.

[62]Penkova A，Chakarova K，Laguna O H，et al. Redox chemistry of gold in a $Au/FeO_x/CeO_2$ CO oxidation catalyst[J]. Catalysis Communications，2009，10：1196-1202.

[63]Bonelli R，Albonetti S，Morandi V，et al. Design of nano-sized FeO_x and Au/FeO_x catalysts supported on CeO_2 for total oxidation of VOC[J]. Applied Catalysis A，2011，95：10-18.

[64]Luo J Y，Meng M，Yao J S，et al. One-step synthesis of nanostructured Pd-doped mixed oxides MO_x-CeO_2（M = Mn，Fe，Co，Ni，Cu）for efficient CO and C_3H_8 total oxidation[J]. Applied Catalysis B-Environmental，2009，87：92-103.

[65]Shen Y，Lu G，Guo Y，et al. An excellent support of Pd-Fe-O_x catalyst for low temperature CO oxidation：CeO_2 with rich（200）facets[J]. Catalysis Communications，2012，18：26-31.

[66]祝星，王华，魏永刚，等. 金属氧化物两步热化学循环分解水制氢[J]. 化学进展，2010，22：1010-1020.

[67]李孔斋，王华，魏永刚，等. 晶格氧部分氧化 CH_4 制合成气[J]. 化学进展，2009，20：1306-1314.

[68]李孔斋，王华，魏永刚，等. 铈基复合氧化物中晶格氧用于 CH_4 部分氧化制合成气[J]. 燃料化学学报，2008，36：83-88.

[69]Li K Z，Wang H，Wei Y G，et al. Catalytic performance of cerium iron complex oxides for partial oxidation of methane to synthesis gas[J]. Journal of Rare Earths，2008，26：705-710.

[70]Wei Y，Wang H，Li K. Ce-Fe-O mixed oxide as oxygen carrier for the direct partial oxidation of methane to syngas[J]. Journal of Rare Earths，2010，28：560-565.

[71]Li K Z，Wang H，Wei Y G，et al. Selective Oxidation of Carbon Using Iron-Modified Cerium Oxide[J]. The Journal of Physical Chemistry C，2009，113：15288-15297.

[72]Cheng X，Wang H，Wei Y，et al. Preparation and characterization of Ce-Fe-Zr-O(x)/MgO complex oxides for selective oxidation of methane to synthesize gas[J]. Journal of Rare Earths，2010，28：316-321.

[73]程显明. 蜂窝氧载体的制备及其部分氧化 CH_4 性能研究[D]. 昆明：昆明理工大学. 2011.

[74]Zhu X，Wang H，Wei Y，et al. Hydrogen and syngas production from two-step steam reforming of methane over CeO_2-Fe_2O_3 oxygen carrier[J]. Journal of Rare Earths，2010，28：907-913.

[75]Zhu X，Wang H，Wei Y，et al. Reaction characteristics of chemical-looping steam methane refor

ming over a Ce-ZrO$_2$ solid solution oxygen carrier[J]. Mendeleev Commun. , 2011，21：221-223.

[76]Zhu X, Wang H, Wei Y, et al. Hydrogen and syngas production from two-step steam refor ming of methane using CeO$_2$ as oxygen carrier[J]. Journal of Nature Gas Chemestry, 2011, 20：281-286.

[77]祝星. 化学链蒸汽重整制氢与合成气的基础研究[D]. 昆明：昆明理工大学，2011.

[78]Galvita V, Sundmacher K. Redox behavior and reduction mechanism of Fe$_2$O$_3$-CeZrO$_2$ as oxygen storage material[J]. Journal of Materials Science, 2007, 42：9300-9307.

[79]Kamimura Y, Sato S, Takahashi R, et al. Vapor-phase synthesis of symmetric ketone from alcohol over CeO$_2$-Fe$_2$O$_3$ catalysts[J]. Chemistry Letters, 2000, 2000：232-233.

[80]Nedyalkova R, Niznansky D, Roger A-C. Iron-ceria-zirconia fluorite catalysts for methane selective oxidation to formaldehyde[J]. Catalysis Communications, 2009, 10：1875-1880.

[81]Lv H, Yang D J, Pan X M, et al. Performance of Ce/Fe oxide anodes for SOFC operating on meth-ane fuel[J]. Materials Research Bulletin, 2009, 44：1244-1248.

[82]Petre C F, Larachi F. Reaction between hydrosulfide and iron/cerium hydroxide：Hydrosulfide oxida-tion and iron dissolution kinetics[J]. Topics in Catalysis, 2006, 7：97-106.

[83]Petre C F, Larachi F. Anoxic alkaline oxidation of bisulfide by Fe/Ce oxides：Reaction pathway[J]. AIChE Journal, 2007, 53：2170-2187.

[84]Petre C F, Larachi F. Reactivity of Fe/M (M = Ce, Mn, Al) oxide-hydroxides for hydrosulfide re-moval in anoxic and oxic solutions[J]. Separation and Purification Technology, 2008, 59：151-163.

[85]Carriazo J, Guelou E, Barrault J, et al. Catalytic wet peroxide oxidation of phenol by pillared clays containing Al-Ce-Fe[J]. Water Research, 2005, 39：3891-3899.

[86]Liu Y, Sun D Z. Development of Fe$_2$O$_3$-CeO$_2$-TiO$_2$/gamma-Al$_2$O$_3$ as catalyst for catalytic wet air oxidation of methyl orange azo dye under room condition[J]. Applied Catalysis B-Environmental, 2007, 72：205-211.

[87]Liu Y, Sun D Z, Cheng L, et al. Preparation and characterization of Fe$_2$O$_3$-CeO$_2$-TiO$_2$/γ-Al$_2$O$_3$ catalyst for degradation dye wastewater[J]. Journal of Environmental Sciences-China, 2006, 18：1189-1192.

[88]Jia M, Su G, Zheng M, et al. Synthesis of a magnetic micro/nano Fe$_x$O$_y$-CeO$_2$ composite and its application for degradation of hexachlorobenzene[J]. Science China Chemistry, 2011, 53：1266-1272.

[89]Tang C C, Bando Y, Liu B D, et al. Cerium oxide nanotubes prepared from cerium hydroxide nano-tubes[J]. Advanced Materials, 2005, 17：3005-3009.

[90]Balasubramanian M, Melendres C A, Mansour A N. An X-ray absorption study of the local struc-ture of cerium in electrochemically deposited thin films[J]. Thin Solid Films, 1999, 347：178-183.

[91]Ansari A A, Kaushik A. Synthesis and optical properties of nanostructured Ce(OH)$_4$[J]. Journal of Semiconductors, 2010, 31：033001.

[92]Fernandez-Garcia M, Martinez-Arias A, Iglesias-Juez A, et al. Structural characteristics and redox behavior of CeO$_2$-ZrO$_2$/Al$_2$O$_3$ supports[J]. Journal of Catalysis, 2000, 194：385-392.

[93]Knözinger H, Mestl G. Laser Raman spectroscopy - a powerful tool for in situ studies of catalytic materials[J]. Topics in Catalysis, 1999, 8：45-55.

[94]Lin X-M, Li L-P, Li G-S, et al. Transport property and Raman spectra of nanocrystalline solid so-lutions Ce$_{0.8}$Nd$_{0.2}$O$_{2-\delta}$ with different particle size[J]. Materials Chemistry and Physics, 2001, 69：236-240.

[95]McBride J R, Hass K C, Poindexter B D, et al. Raman and x-ray studies of $Ce_{1-x}RE_xO_{2-y}$, where RE=La, Pr, Nd, Eu, Gd and Tb[J]. Journal of Applied Physics, 1994, 76: 2435-2441.

[96]Weber W H, Hass K C, McBride J R. Raman study of CeO_2: Second-order scattering, lattice dynamics, and particle-size effects[J]. Physical review B Condensed matter, 1993, 48: 178-185.

[97]Xiao H, Ai Z, Zhang L. Nonaqueous Sol-Gel synthesized hierarchical CeO_2 nanocrystal microspheres as novel adsorbents for wastewater treatment[J]. The Journal of Physical Chemistry C, 2009, 113: 16625-16630.

[98]Luo M-F, Yan Z-L, Jin L-Y. Structure and redox properties of $Ce_xPr_{1-x}O_{2-\delta}$ mixed oxides and their catalytic activities for CO, CH_3OH and CH_4 combustion[J]. Journal of Molecular Catalysis A: Chemical, 2006, 260: 157-162.

[99]Atribak I, Bueno-Lopez A, Garcia-Garcia A. Combined removal of diesel soot particulates and NO_x over CeO_2-ZrO_2 mixed oxides[J]. Journal of Catalysis, 2008, 259: 123-132.

[100]Li L, Chen F, Lu J-Q, et al. Study of defect sites in $Ce_{1-x}M_xO_{2-\delta}$ ($x = 0.2$) solid solutions using Raman Spectroscopy[J]. The Journal of Physical Chemistry A, 2011, 115: 7972-7977.

[101]Pandey B, Mohapatra M, Anand S, et al. Mossbauer studies of nano phase Ce-Fe oxide composites [J]. Hyperfine Interactions, 2008, 183: 123-128.

[102]Terribile D, Trovarelli A, de Leitenburg C, et al. Unusual oxygen storage/redox behavior of high-surface-area ceria prepared by a surfactant-assisted route[J]. Chemistry of Materials, 1997, 9: 2676-2678.

[103]Magnacca G, Cerrato G, Morterra C, et al. Structural and surface characterization of pure and sulfated iron oxides[J]. Chemistry of Materials, 2003, 15: 675-687.

[104]Atribak I, Buenolopez A, Garciagarcia A. Combined removal of diesel soot particulates and NO_x over CeO_2-ZrO_2 mixed oxides[J]. Journal of Catalysis, 2008, 259: 123-132.

[105]Vidal H, Kaspar J, Pijolat M, et al. Redox behavior of CeO_2-ZrO_2 mixed oxides I. Influence of redox treatments on high surface area catalysts[J]. Applied Catalysis B-Environmental, 2000, 27: 49-63.

[106]Terribile D, Llorca J, Boaro M, et al. Fast oxygen uptake/release over a new CeO_x phase[J]. Chemical Communications, 1998, 1998: 1897-1898.

[107]Vidal H, Kaspar J, Pijolat M, et al. Redox behavior of CeO_2-ZrO_2 mixed oxides-II. Influence of redox treatments on low surface area catalysts[J]. Applied Catalysis B-Environmental, 2001, 30: 75-85.

[108]Mista W, Malecka M A, Kepinski L. Redox behavior of nanocrystalline $Ce_{1-x}Lu_xO_{2-x/2}$ mixed oxide obtained by microemulsion method[J]. Applied Catalysis a-General, 2009, 368: 71-78.

[109]Sasikala R, Varma S, Gupta N M, et al. Reduction behavior of Ce-Y mixed oxides[J]. Journal of Materials Science Letters, 2001, 20: 1131-1133.

[110]Hermanek M, Zboril R, Medrik I, et al. Catalytic Efficiency of Iron(III) Oxides in Decomposition of Hydrogen Peroxide: Competition between the Surface Area and Crystallinity of Nanoparticles[J]. Journal of the American Chemical Society, 2007, 129: 10929-10936.

[111]Randall H, Doepper R, Renken A. Reduction of nitrogen oxides by carbon monoxide over an iron oxide catalyst under dynamic conditions[J]. Applied Catalysis B, 1998, 17: 357-369.

[112]Kureti S, Weisweiler W, Hizbullah K. Simultaneous conversion of nitrogen oxides and soot into nitrogen and carbon dioxide over iron containing oxide catalysts in diesel exhaust gas[J]. Applied Ca-

talysis B，2003，43：281-291.

[113]Yamazaki K，Takahashi N，Shinjoh H，et al. The performance of NO_x storage-reduction catalyst containing Fe-compound after thermal aging[J]. Applied Catalysis B-Environmental，2004，53：1-12.

[114]Yao G H，Wang F，Wang X B，et al. Magnetic field effects on selective catalytic reduction of NO by NH_3 over Fe_2O_3 catalyst in a magnetically fluidized bed[J]. Energy，2010，35：2295-2300.

[115]Mou X L，Zhang B S，Li Y，et al. Rod-shaped Fe_2O_3 as an efficient catalyst for the selective reduction of nitrogen oxide by Aammonia[J]. Angewandte Chemie International Edition，2012，51：2989-2993.

[116]Litt G，Almquist C. An investigation of CuO/Fe_2O_3 catalysts for the gas-phase oxidation of ethanol [J]. Applied Catalysis B-Environmental，2009，90：10-17.

[117]Minico S，Scire S，Crisafulli C，et al. Influence of catalyst pretreatments on volatile organic compounds oxidation over gold/iron oxide[J]. Applied Catalysis B-Environmental，2001，34：277-285.

[118]Zhang X，Hirota R，Kubota T，et al. Preparation of hierarchically meso-macroporous hematite Fe_2O_3 using PMMA as imprint template and its reaction performance for Fischer ropsch synthesis[J]. Catalysis Communications，2011，13：44-48.

[119]Trifiro F，Carbucicchio M，Villa P L. Catalytic properties of iron-based mixed oxides in the oxidation of methanol and olefins[J]. Hyperfine Interact，1998，111：17-22.

[120]Tanaka S，Nakagawa K，Kanezaki E，et al. Catalytic activity of iron oxides supported on gamma-Al_2O_3 for methane oxidation[J]. Journal of the Japan Petroleum Institute，2005，48：223-228.

[121]Litt G，Almquist C. An investigation of CuO/Fe_2O_3 catalysts for the gas-phase oxidation of ethanol [J]. Applied Catalysis B，2009，90：10-17.

[122]Chen L，Zhang X W，Huang L A，et al. Post-Plasma catalysis for methane partial oxidation to methanol：Role of the copper-promoted iron oxide catalyst[J]. Chemical Engineering and Technology，2010，33：2073-2081.

[123]Reddy B V，Khanna S N. Self-stimulated NO reduction and CO oxidation by iron oxide clusters[J]. Physical Review Letters，2004，93.

[124]Dong C Q，Liu X L，Qin W，et al. Deep reduction behavior of iron oxide and its effect on direct CO oxidation[J]. Applied Surface Science，2012，258：2562-2569.

[125]Jozwiak W K，Kaczmarek E，Maniecki T P，et al. Reduction behavior of iron oxides in hydrogen and carbon monoxide atmospheres[J]. Applied Catalysis A-General，2007，326：17-27.

[126]Murray E P，Tsai T，Barnett S A. A direct-methane fuel cell with a ceria-based anode[J]. Nature，1999，400：649-651.

[127]Park S D，Vohs J M，Gorte R J. Direct oxidation of hydrocarbons in a solid-oxide fuel cell[J]. Nature，2000，404：265-267.

[128]Zielinski J，Zglinicka I，Znak L，et al. Reduction of Fe_2O_3 with hydrogen[J]. Applied Catalysis A-General，2010，381：191-196.

[129]Zhou K，Wang X，Sun X，et al. Enhanced catalytic activity of ceria nanorods from well-defined reactive crystal planes[J]. Journal of Catalysis，2005，229：206-212.

[130]Trovarelli A. Catalytic properties of Ceria and CeO_2-Containing materials[J]. Catalysis Reviews，1996，38：439-520.

[131]Robbins M，Wertheim G K，Menth A，et al. Preparation and properties of polycrystalline cerium orthoferrite（$CeFeO_3$）[J]. Journal of Physics and Chemistry of Solids，1969，30：1823-1825.

[132]Enger B C, Lodeng R, Holmen A. A review of catalytic partial oxidation of methane to synthesis gas with emphasis on reaction mechanisms over transition metal catalysts[J]. Applied Catalysis A-General, 2008, 346: 1-27.

[133]Otsuka K, Ushiyama T, Yamanaka I. Partial oxidation of methane using the redox of cerium oxide [J]. Chemistry Letters, 1993: 1517-1520.

[134]Vanlooij F, Vangiezen J C, Stobbe E R, et al. Mechanism of the partial oxidation of methane to synthesis gas on a silica-supported nickel-catalyst[J]. Catalysis Today, 1994, 21: 495-503.

[135]Stobbe E R, de Boer B A, Geus J W. The reduction and oxidation behaviour of manganese oxides [J]. Catalysis Today, 1999, 47: 161-167.

[136]Otsuka K, Wang Y, Sunada E, et al. Direct partial oxidation of methane to synthesis gas by cerium oxide[J]. Journal of Catalysis, 1998, 175: 152-160.

[137]Otsuka K, Wang Y, Nakamura M. Direct conversion of methane to synthesis gas through gas-solid reaction using CeO_2-ZrO_2 solid solution at moderate temperature[J]. Applied Catalysis A-General, 1999, 183: 317-324.

[138]Dai X P, Li R J, Yu C C, et al. Unsteady-State direct partial oxidation of methane to synthesis gas in a fixed-bed reactor using $AFeO_3$(A = La, Nd, Eu) perovskite-type oxides as oxygen storage[J]. Journal of Physical Chemistry B, 2006, 110: 22525-22531.

[139]Dai X P, Wu Q, Li R J, et al. Hydrogen production from a combination of the water-gas shift and redox cycle process of methane partial oxidation via lattice oxygen over $LaFeO_3$ perovskite catalyst [J]. Journal of Physical Chemistry B, 2006, 110: 25856-25862.

[140]Dai X P, Yu C C, Li R J, et al. Effect of calcination temperature and reaction conditions on methane partial oxidation using lanthanum-based perovskite as oxygen donor[J]. Journal of Rare Earths, 2008, 26: 341-346.

[141]Dai X P, Yu C C. Nano-Perovskite-Based ($LaMO_3$) oxygen carrier for syngas generation by chemical-Looping refor ming of methane[J]. Chinese Journal of Catalysis, 2011, 32: 1411-1417.

[142]Wei Y G, Wang H, Li K Z, et al. Preparation and characterization of $Ce_{1-x}Ni_xO_2$ as oxygen carrier for selective oxidation methane to syngas in absence of gaseous oxygen[J]. Journal of Rare Earths, 2010, 28: 357-361.

[143]Nakayama O, Ikenaga N, Miyake T, et al. Production of synthesis gas from methane using lattice oxygen of NiO-Cr_2O_3-MgO complex oxide[J]. Industrial & Engineering Chemistry Research, 2010, 49: 526-534.

[144]Nakayama O, Ikenaga N O, Miyake T, et al. Partial oxidation of CH_4 with air to produce pure hydrogen and syngas[J]. Catalysis Today, 2008, 138: 141-146.

[145]Pantu P, Kim K, Gavalas G. R. Methane partial oxidation on Pt/CeO_2-ZrO_2 in the absence of gaseous oxygen[J]. Applied Catalysis A-General, 2000, 193: 203-214.

[146]Fathi M, Bjorgum E, Viig T, et al. Partial oxidation of methane to synthesis gas: Eli mination of gas phase oxygen[J]. Catalysis Today, 2000, 63: 489-497.

[147]Sadykov V A, Kumetsova T G, Alikina G M, et al. Ceria-based fluorite-like oxide solid solutions as catalysts of methane selective oxidation into syngas by the lattice oxygen: synthesis, characterization and performance[J]. Catalysis Today, 2004, 93-95: 45-53.

[148]Ermakova M A, Ermakov D Y. Ni/SiO_2 and Fe/SiO_2 catalysts for production of hydrogen and filamentous carbon via methane decomposition[J]. Catalysis Today, 2002, 77: 225-235.

［149］Takenaka S, Serizawa M, Otsuka K. Formation of filamentous carbons over supported Fe catalysts through methane decomposition［J］. Journal of Catalysis, 2004, 222: 520-531.

［150］Fukudaa T H S, Yamashina T. Desqrption processes of hydrogen and methane from clean and metal-deposited graphite irradiated by hydrogen ions［J］. Journal of Nuclear Materials, 1989, 162-164: 997-1003.

［151］Matolin V, Libra J, Skoda M, et al. Methanol adsorption on a CeO_2 (111)/Cu(111) thin film model catalyst［J］. Surface Science, 2009, 603: 1087-1092.

［152］Fan J, Weng D, Wu X D, et al. Modification of CeO_2-ZrO_2 mixed oxides by coprecipitated/impregnated Sr: Effect on the microstructure and oxygen storage capacity［J］. Journal of Catalysis, 2008, 258: 177-186.

［153］Holgado J P, Munuera G, Espinos J P, et al. XPS study of oxidation processes of CeO_x defective layers［J］. Applied Surface Science, 2000, 158: 164-171.

［154］Tabakova T, Boccuzzi F, Manzoli M, et al. Effect of synthesis procedure on the low-temperature WGS activity of Au/ceria catalysts［J］. Applied Catalysis B-Environmental, 2004, 49: 73-81.

［155］Zhang Y, Yang M, Dou X M, et al. Arsenate adsorption on an Fe-Ce bimetal oxide adsorbent: Role of surface properties［J］. Environmental Science and Technology, 2005, 39: 7246-7253.

［156］Rocchini E, Trovarelli A, Llorca J, et al. Relationships between structural/morphological modifications and oxygen storage-redox behavior of silica-doped ceria［J］. Journal of Catalysis, 2000, 194: 461-478.

［157］Apostolescu N, Geiger B, Hizbullah K, et al. Selective catalytic reduction of nitrogen oxides by ammonia on iron oxide catalysts［J］. Applied Catalysis B, 2006, 62: 104-114.

［158］Neri G, Pistone A, Milone C, et al. Wet air oxidation of p-coumaric acid over promoted ceria catalysts［J］. Applied Catalysis B-Environmental, 2002, 38: 321-329.

［159］Cho P, Mattisson T, Lyngfelt A. Comparison of iron-, nickel-, copper- and manganese-based oxygen carriers for chemical-looping combustion［J］. Fuel, 2004, 83: 1215-1225.

［160］Baran E J. Structural chemistry and physicochemical properties of perovskite-like materials［J］. Catalysis Today, 1990, 8: 133-151.

［161］Gemmi M, Merlini M, Cornaro U, et al. In situ simultaneous synchrotron powder diffraction and mass spectrometry study of methane anaerobic combustion on iron-oxide-based oxygen carrier［J］. Journal of Applied Crystallography, 2005, 38: 353-360.

［162］Shan W J, Luo M F, Ying P L, et al. Reduction property and catalytic activity of $Ce_{1-x}Ni_xO_2$ mixed oxide catalysts for CH_4 oxidation［J］. Applied Catalysis A-General, 2003, 246: 1-9.

［163］Reshetenko T V, Avdeeva L B, Khassin A A, et al. Coprecipitated iron-containing catalysts (Fe-Al_2O_3, Fe-Co-Al_2O_3, Fe-Ni-Al_2O_3) for methane decomposition at moderate temperatures I. Genesis of calcined and reduced catalysts［J］. Applied Catalysis A-General, 2004, 268: 127-138.

［164］Tiwari S, Choudhary R J, Phase D M. Effect of growth temperature on the structural and transport properties of magnetite thin films prepared by pulse laser deposition on single crystal Si substrate［J］. Thin Solid Films, 2009, 517: 3253-3256.

［165］de Faria D L A, Venancio Silva S, de Oliveira M T. Raman microspectroscopy of some iron oxides and oxyhydroxides［J］. Journal of Raman Spectroscopy, 1997, 28: 873-878.

［166］Jawhari T, Roid A, Casado J. Raman spectroscopic characterization of some commercially available carbon black materials［J］. Carbon, 1995, 33: 1561-1565.

[167]Zhu P，Li J，Zuo S，et al. Preferential oxidation properties of CO in excess hydrogen over CuO-CeO$_2$ catalyst prepared by hydrothermal method[J]. Applied Surface Science，2008，255：2903-2909.

[168]Gervasini A，Messi C，Carniti P，et al. Insight into the properties of Fe oxide present in high concentrations on mesoporous silica[J]. Journal of Catalysis，2009，262：224-234.

[169]Lampimäki M，Lahtonen K，Jussila P，et al. Morphology and composition of nanoscale surface oxides on Fe-20Cr-18Ni {111} austenitic stainless steel[J]. Journal of Electron Spectroscopy and Related Phenomena，2007，154：69-78.

[170]Burke M L，Madix R J. Effect of CO on hydrogen thermal desorption from Fe(100) [J]. Surface Science，1990，237：20-34.

[171]Krishnan R，Kesavamoorthy R，Dash S，et al. Raman spectroscopic and photolu minescence investigations on laser surface modified α-Al$_2$O$_3$ coatings[J]. Scripta Materialia，2003，48：1099-1104.

[172]Ilieva L，Pantaleo G，Sobczakc J W，et al. NO reduction by CO in the presence of water over gold supported catalysts on CeO$_2$-Al$_2$O$_3$ mixed support，prepared by mechanochemical activation[J]. Applied Catalysis B-Environmental，2007，76：107-114.

[173]Graham G W，Weber W H，Peters C R，et al. Empirical method for determining CeO$_2$-particle size in catalysts by Raman Spectroscopy[J]. Journal of Catalysis，1991，130：310-313.

[174]Rossignol S，Descorme C，Kappenstein C，et al. Synthesis，structure and catalytic properties of Zr-Ce-Pr-O mixed oxides[J]. Journal of Materials Chemistry，2001，11：2587-2592.

[175]Gutierrez-Ortiz J I，de Rivas B，Lopez-Fonseca R，et al. Catalytic purification of waste gases containing VOC mixtures with Ce/Zr solid solutions[J]. Applied Catalysis B-Environmental，2006，65：191-200.

[176]李然家，余长春，代小平，等. 钙钛矿型 La$_{0.8}$Sr$_{0.2}$FeO$_3$ 中的晶格氧用于甲烷选择氧化制取合成气[J]. 催化学报，2002，23：549-554.

[177]Baylet A，Capdeillayre C，Retailleau L，et al. Parametric study of propene oxidation over Pt and Au catalysts supported on sulphated and unsulphated titania[J]. Applied Catalysis B-Environ，2011，102：180-189.

[178]Taylor S H，Heneghan C S，Hutchings G J，et al. The activity and mechanism of uranium oxide catalysts for the oxidative destruction of volatile organic compounds[J]. Catalysis Today，2000，59：249-259.

[179]Liotta L F，Ousmane M，Di Carlo G，et al. Total oxidation of propene at low temperature over Co$_3$O$_4$-CeO$_2$ mixed oxides：Role of surface oxygen vacancies and bulk oxygen mobility in the catalytic activity[J]. Applied Catalysis A：General，2008，347：81-88.

[180]Delimaris D，Ioannides T. VOC oxidation over CuO-CeO$_2$ catalysts prepared by a combustion method[J]. Applied Catalysis B：Environmental，2009，89：295-302.

[181]Heynderickx P M，Thybaut J W，Poelman H，et al. The total oxidation of propane over supported Cu and Ce oxides：A comparison of single and binary metal oxides[J]. Journal of Catalysis，2010，272：109-120.

[182]Balcaen V，Roelant R，Poelman H，et al. TAP study on the active oxygen species in the total oxidation of propane over a CuO-CeO$_{2/\gamma}$-Al$_2$O$_3$ catalyst[J]. Catalysis Today，2010，157：49-54.

[183]Balcaen V，Poelman H，Poelman D，et al. Kinetic modeling of the total oxidation of propane over Cu- and Ce-based catalysts[J]. Journal of Catalysis，2011，283：75-88.

索　引